普通高等教育"十三五"规划教材

（数字媒体技术专业）

# Illustrator 平面设计案例教程

主　编　陈丽梅

副主编　李晓峰

中国水利水电出版社

www.waterpub.com.cn

·北京·

## 内 容 提 要

本书主要讲解 Illustrator CC 软件各工具的使用方法和技巧,在每章的知识点中都加入了相应的实战案例,同时精选平面设计领域中的相关知识和常见案例进行讲解,包括招贴设计、书籍装帧设计、DM 设计以及包装设计领域中的具体案例。另外,每章后面都设计有大量的习题和拓展训练,使读者能够将知识运用到实际案例之中。

全书共分 10 章,内容丰富、知识点清晰、图文并茂,包括 Illustrator CC 入门、基本图形绘制与编辑、路径的绘制与编辑、对象的编辑与变换、颜色填充与描边、文本工具的使用与编辑、图层和蒙版编辑技巧、封套扭曲与混合效果、效果菜单以及商业综合案例。

本书适合作为高等院校计算机、数字媒体、平面设计、多媒体等相关专业学生以及平面设计爱好者的教材和参考书。

**本书提供免费电子教案、PPT、所有案例的源文件和素材、所有案例的视频和习题答案,读者可以从中国水利水电出版社网站(www.waterpub.com.cn)或万水书苑网站(www.wsbookshow.com)免费下载。**

### 图书在版编目(C I P)数据

Illustrator平面设计案例教程 / 陈丽梅主编. --
北京 : 中国水利水电出版社,2018.10(2023.7 重印)
普通高等教育“十三五”规划教材. 数字媒体技术专业
ISBN 978-7-5170-7129-7

Ⅰ. ①I… Ⅱ. ①陈… Ⅲ. ①平面设计-图形软件-
高等学校-教材 Ⅳ. ①TP391.412

中国版本图书馆CIP数据核字(2018)第267565号

策划编辑:石永峰    责任编辑:张玉玲    加工编辑:高 辉    封面设计:李 佳

| 书 名 | 普通高等教育“十三五”规划教材(数字媒体技术专业)<br>Illustrator 平面设计案例教程<br>Illustrator PINGMIAN SHEJI ANLI JIAOCHENG |
|---|---|
| 作 者 | 主 编 陈丽梅<br>副主编 李晓峰 |
| 出版发行 | 中国水利水电出版社<br>(北京市海淀区玉渊潭南路 1 号 D 座    100038)<br>网址:www.waterpub.com.cn<br>E-mail:mchannel@263.net(答疑)<br>           sales@mwr.gov.cn<br>电话:(010)68545888(营销中心)、82562819(组稿) |
| 经 售 | 北京科水图书销售有限公司<br>电话:(010)68545874、63202643<br>全国各地新华书店和相关出版物销售网点 |
| 排 版 | 北京万水电子信息有限公司 |
| 印 刷 | 三河市德贤弘印务有限公司 |
| 规 格 | 184mm×260mm   16 开本   18.25 印张   448 千字 |
| 版 次 | 2018 年 10 月第 1 版   2023 年 7 月第 3 次印刷 |
| 印 数 | 6001—7000 册 |
| 定 价 | 42.00 元 |

# 前　　言

Illustrator CC 是 Adobe 公司旗下的一款专业矢量绘图和设计软件。目前，该软件主要应用于平面设计、印刷出版、海报书籍的排版、专业插画、多媒体图像处理和互联网页面制作等领域。Illustrator CC 2017 是目前最新的版本。该版本与以往的版本相比较，无论从界面还是从绘图功能等方面都更进一步地增强了软件的性能，可以使广大设计爱好者更加快捷、轻松、准确地完成设计。

本书从实际教学需求出发，循序渐进地讲解 Illustrator CC 软件各工具的使用方法和技巧，主要涵盖 Illustrator CC 各功能的知识。每章中的知识点加入了相应的实战案例，每个案例中都设有案例说明、案例分析以及具体的操作步骤，以实战案例为载体，使读者可以更好地将理论学习与实践操作相结合。同时，本书还增加了平面设计知识、版式设计知识，以及比较流行的综合商业案例，主要包括招贴设计、书籍装帧设计、DM 设计以及包装设计领域中的具体案例，在每一个具体的商业案例中都包含了案例分析、案例设计、案例制作过程等。此外，在每章的后面都设计有大量的习题和拓展训练，读者不仅可以通过完整系统的理论知识进行学习，还可以根据具体案例的实践操作更加牢固地掌握 Illustrator CC 软件的使用方法和技巧，同时也能够提高学习者平面设计的综合能力。

全书共分 10 章，内容丰富、知识点清晰、图文并茂。内容包括 Illustrator CC 入门、基本图形绘制与编辑、路径的绘制与编辑、对象的编辑与变换、颜色填充与描边、文本工具的使用与编辑、图层和蒙版编辑技巧、封套扭曲与混合效果、效果菜单以及商业综合案例。

本书由陈丽梅任主编（负责全书的统稿、修改、定稿工作），李晓峰任副主编（负责统筹工作）。主要编写人员分工如下：第 1 章、第 9 章、第 10 章由陈丽梅编写，第 2 章由李放编写，第 4 章至第 6 章由马玲编写，第 3 章、第 7 章、第 8 章由范晶编写。此外，张思佳、孙亚杰、赵幕然、邓茂君、程小芳、梁馨燕、姜伟、刘子伟等同学为本书的资源建设做了有益的工作，祝愿他们在以后的工作和生活中一切顺利。中国水利水电出版社的有关负责同志对本书的出版给予了大力支持。在此，谨向这些著作者以及为本书出版付出辛勤劳动的同志表示感谢。

由于时间仓促，本书中难免有疏漏和不足之处，恳请各界专家和读者提出宝贵意见，邮件请发至 chenlimei@hiu.edu.cn。

编　者
2018 年 8 月

# 目　　录

# 第 1 章　Illustrator CC 入门

Illustrator CC 是 Adobe 公司旗下一款非常好用的矢量图形绘制和设计软件，Adobe Illustrator 常被称为 AI。作为一款矢量图形处理工具，该软件主要应用于印刷出版、海报书籍的排版、专业插画、多媒体图像处理和互联网页面的制作等，也可以为线稿提供较高的精度和控制，适合生产任何小型设计和大型的复杂项目。

本章主要讲解图形图像基础知识、Illustrator CC 的工作界面、Illustrator CC 软件的基本操作和辅助工具的使用。本章的学习可以为以后学习 Illustrator 软件奠定坚实的基础。

- 了解图形图像的基础知识。
- 熟悉 Illustrator CC 的工作界面。
- 掌握 Illustrator CC 的基本操作及辅助工具的使用方法。

## 1.1　图形图像基础知识

### 1.1.1　矢量图与矢量软件

矢量图也称为向量图。矢量图是基于数学的矢量方式记录图像包含的内容。矢量文件中的图形元素称为对象，每个对象都是一个自成一体的实体，具有颜色、形状、轮廓、大小和屏幕位置等属性。

矢量图形软件是用来绘制矢量图形的软件。Adobe 公司的 Illustrator、Corel 公司的 CorelDRAW 是众多矢量图形设计软件中的佼佼者。其中 Adobe Illustrator 作为全球最著名的矢量图形软件，以其强大的功能和体贴用户的界面，已经占据了全球矢量编辑软件中的大部分份额。Adobe Illustrator 作为一款非常好的矢量图形处理工具深受平面设计爱好者的青睐。

### 1.1.2　位图与矢量图的比较

位图也称为点阵图像，是由称作像素的点组成的。像素是图像的最小单位，每个像素点记录了图像的一个点的数据信息。这些点通过不同的排列和着色就构成了完整的图像。位图图像精确地记录每个点的信息。位图图像的优点是能够产生丰富的色彩效果，但存储的文件也会比较大。位图的图像与分辨率有关系，一幅完整图像记录的像素点的个数是一定的，当放大位图图像时就会产生失真，同时在图像的边缘也会产生锯齿，如图 1.1 和图 1.2 所示。

图 1.1　位图全局

图 1.2　位图局部放大

矢量图是通过数学的矢量方式计算获得，图像中保存的是线条和图块的信息，对矢量图像进行缩放、旋转或变形操作时，图像不会失真且不会产生锯齿效果，如图 1.3 和图 1.4 所示。矢量图像与分辨率和图像大小无关，只与图像的复杂程度有关，图像文件所占的存储空间较小。矢量图像的不足之处就是难以呈现色彩丰富的图像效果。

图 1.3　矢量图全局

图 1.4　矢量图局部放大

### 1.1.3　图像色彩模式

图像色彩模式是指图像在计算机中颜色的不同组合形式。在运用 Adobe Illustrator CC 设计和处理图像的过程中通常需要根据图像的用途来调整色彩模式。在 Illustrator CC 中共有 RGB、CMYK、HSB、灰度、Web 安全 RGB 五种色彩模式。

1. RGB 模式

RGB 模式又称为真彩色，是通过对红（R）、绿（G）、蓝（B）三个颜色通道的变化以及它们相互之间的叠加得到不同的丰富的颜色。RGB 模式中每个通道的颜色信息均为 8 位，即每种颜色的取值范围是 0～255，可以由此三个通道组成 1760 万余种不同的颜色，如图 1.5 所示。RGB 模式通常应用于通过显示器设计的图形图像中，例如网页设计、UI 交互设计等。

2. CMYK 模式

CMYK 模式是印刷时采用的色彩模式，利用颜料的三原色混色原理，加上黑色油墨，共计四种颜色混合叠加而成，通常被称为"全彩印刷"。在 CMYK 模式中，C 表示青色（Cyan），

M 表示品红色（Magenta），Y 表示黄色（Yellow），K 表示黑色（blacK）。每种颜色的取值范围为 0%～100%，如图 1.6 所示。

图 1.5　RGB 模式

图 1.6　CMYK 模式

**3. HSB 模式**

HSB 模式中包含颜色的色相、饱和度、亮度三个特征。在 HSB 模式中，H 表示色相（Hues），S 表示饱和度（Saturation），B 表示亮度（Brightness）。色相 H 在使用中是通过颜色的名称标识的，例如：黄、绿、青、蓝、紫色，取值为 0～360°；饱和度 S 是指颜色的鲜艳程度或者纯度，即彩色所占的比例，取值范围为 0%（灰色）～100%（饱和）；亮度 B 是指颜色的明暗程度，取值范围为 0%（黑）～100%（白），如图 1.7 所示。

**4. 灰度模式**

灰度模式图像中只有 8 位的分辨率来记录，所以只能表现出 256 种黑白的色调。灰度模式的图像中只有明暗调，没有色相与饱和度信息，每个灰度对象都具有从 0%（白色）到 100%（黑色）的亮度值，如图 1.8 所示。

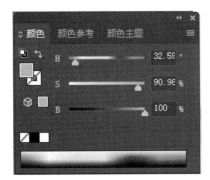

图 1.7　HSB 模式

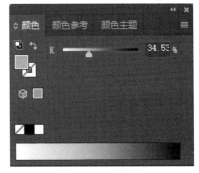

图 1.8　灰度模式

**5. Web 安全 RGB 模式**

通常，同一张图像在不同的平台（例如 Mac、PC 等）和浏览器上显示的效果可能差别比较大。这是由于不同的平台和不同的浏览器有自己的调色板。例如，选择特定的颜色时，浏览器会尽量使用本身所用的调色板中最接近的颜色。若浏览器中没有所选的颜色，就会通过抖动或者混合自身的颜色来尝试重新产生该颜色。通过使用 Web 安全 RGB 模式就可以保证图像能够显示 216 种 RGB 颜色，如图 1.9 所示。

图 1.9　WEB 安全 RGB 模式

### 1.1.4　图形图像格式

图形图像格式是指图像在计算机中的信息存储方式，每种图像存储格式都有不同的特点，在 Illustrator CC 中主要应用的有 AI、JPEG、EPS、TIFF、PNG 等格式。

1. AI 格式

AI 格式是 Illustrator 默认的文件存储格式，具有占用空间小、打开速度快、方便格式转换等特点。

2. JPEG 格式

JPEG 格式是常用的图像格式，是有损压缩格式。大多数的图形图像处理软件都支持该格式。通常 JPEG 格式的图像广泛用于网页的制作。若对图像质量要求不高，但又要求存储大量图片，均可采用 JPEG 格式。由于 JPEG 格式是以损坏图像质量而提高压缩质量的，不适用于图像的输出打印。

3. EPS 格式

EPS 格式是通用交换格式当中的一种综合格式，同时也是 Illustrator 软件常用的存储格式，在排版中也是经常应用的。当使用 AI 格式进行存储位图图像时是链接的形式存储的，当删除链接图像时打开的文件将无法正常显示，而使用 EPS 格式时链接的位图图像将被直接存储，即使删除位图图像也会正常显示。

4. TIFF 格式

TIFF 格式是跨越 Mac 与 PC 平台最广泛的图像打印格式。TIFF 使用 LZW 无损压缩方式，大大减少了图像尺寸。TIFF 格式可以保存通道，能够保存原图的图像信息，使用该模式存储空间大。TIFF 格式通常用于较专业的书籍出版印刷等。

5. PNG 格式

PNG 格式是无损压缩，通常应用于网页中的图片格式。PNG 格式支持图像透明，可以利用 Alpha 通道调节图像的透明度。

## 1.2　Illustrator CC 的工作界面

Illustrator CC 2017 版本具有了全新的用户界面。该界面直观、时髦且悦目。工具和面板具有新的图标。Illustrator 软件具有强大的绘图功能，是一款矢量绘图的平面软件工具，用户可以根据设计与创作的需要使用该软件。例如，使用几何图形工具以及运算可以绘制简单和复杂的图形；使用铅笔工具可以临摹手绘效果；使用钢笔工具可以绘制复杂的图形等效果。同时 Illustrator 也提供了丰富的滤镜和效果命令，以及强大的文字与图表处理的功能，通过这些命令可以创作出一些特殊的、丰富的效果，从而达到作品的表现力。

Illustrator CC 工作界面主要包括菜单栏、工具箱、工具属性栏、控制面板和状态栏五部分，如图 1.10 所示。

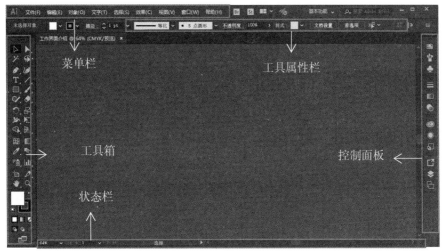

图 1.10　Illustrator CC 2017 工作界面

### 1.2.1　菜单栏

菜单栏中包含了 Illustrator CC 所有的操作命令，主要包括【文件】、【编辑】、【对象】、【文字】、【选择】、【效果】、【视图】、【窗口】、【帮助】菜单，每个菜单又包含对应的子菜单，如图 1.11 所示。

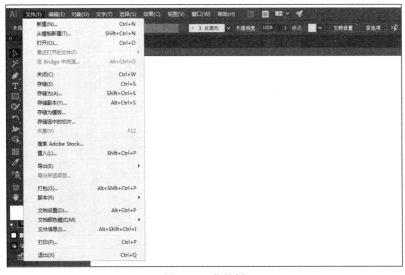

图 1.11　菜单栏

下面对菜单栏中的每个部分进行具体介绍。

【文件】菜单：对文档等对象的相关操作命令，如"新建""打开""存储"等。

【编辑】菜单：图像处理中所需要的编辑类操作命令，如"复制""粘贴""首选项"等。

【对象】菜单：针对对象的操作命令，如"变换""扩展""路径"等。

【文字】菜单：对文字执行的相关命令，如"字体""字形"等。

【选择】菜单：各种选择对象的命令，如"全部""取消选择"等。

【效果】菜单：包含了 Illustrator 和 Photoshop 效果两部分，制作特殊的图形图像效果，如"3D""风格化"等。

【视图】菜单：当前文件显示内容的相关命令，如"预览""参考线"等。

【窗口】菜单：面板排列的相关命令，包括显示及隐藏面板。

【帮助】菜单：各类的帮助内容及软件信息。

在菜单栏中可以看到有的命令右侧包含有字母以及字母的组合键。在实际应用中除了可以在菜单栏中选择所需的相关命令，还可以使用快捷键来调用操作命令，通常比较简便快捷，例如，【文件】→【新建】的快捷键为 Ctrl+N。

### 1.2.2　工具箱

在工具箱里面包含了 Illustrator CC 的所有工具，工具箱是非常重要的功能组件，熟练地掌握这些工具的使用方法可以提高操作速度和工作效率。默认的工具箱中只显示了部分的工具，很多工具隐藏在工具组中没有直接显示出来。单击工具箱中工具右下角有黑色的三角按钮可以将隐藏的工具显示出来。在默认状态下，工具箱在界面的最左侧，如图 1.12 和图 1.13 所示。

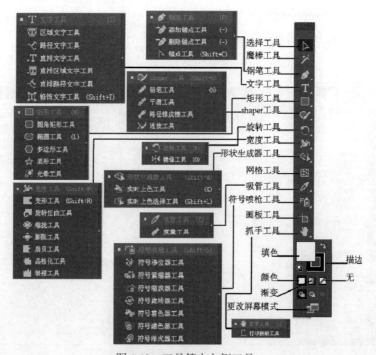

图 1.12　工具箱中左侧工具

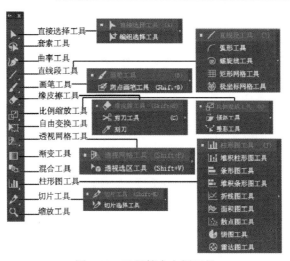

图 1.13    工具箱中右侧工具

### 1.2.3    工具属性栏

工具属性栏的作用是在选择相应的工具后对此进行所选对象属性的相关操作，可以针对工具的细节等进行相应数据更改的操作。不同的工具对应不同的工具属性栏内容，例如，当选中矩形工具时，工具属性栏如图 1.14 所示；当选中文字工具时，工具属性栏如图 1.15 所示。

图 1.14    矩形工具属性栏

图 1.15    文字工具属性栏

### 1.2.4    控制面板

Illustrator CC 的控制面板位于工作界面的右侧边缘处，控制面板主要用于设置工具的参数选项。在不断更新的过程中，控制面板也更加具有实用性，方便快捷。单击控制面板中的各个图标后会出现相应工具的浮动窗口，用户可将窗口拖动到任意位置，单击 和 图标可展开和折叠面板，右上角的 为当前面板的操作菜单。以控制面板中的"色板"面板为例，如图 1.16 所示。

### 1.2.5    状态栏

Illustrator CC 的状态栏在工作界面的最下方左侧边缘处，状态栏中显示当前文档的缩放比例、显示页面，通过调整相应的选项控制显示的

图 1.16    "色板"浮动面板

内容，如图 1.17 所示。

图 1.17　状态栏

其中，显示的百分比代表当前文档的显示比例；$\boxed{\text{　1　}}$为画板导航，可用来切换各个画板；$\boxed{\text{选择}}$显示当前选择的工具以及当前的日期时间、文件操作中的还原次数等，如图 1.18 所示；最右侧为滚动条，用来控制操作区。

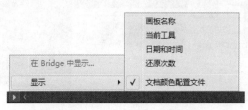

图 1.18　"状态栏"显示菜单

## 1.3　文件的基本操作

利用 Illustrator CC 进行图形图像的设计与制作前，用户需要对 Illustrator CC 软件的文件基本操作进行掌握。熟练掌握文件的基本操作可以更好地设计与制作作品，下面将对新建文件、打开文件、存储文件以及关闭文件等操作进行介绍。

### 1.3.1　新建文件

Illustrator CC 2017 版本更新了软件的打开界面以及文件新建的方式。当打开 Illustrator CC 2017 软件时不再以空白的画布开始，打开软件的界面中主要包含"新建""打开"和"开始新任务"按钮，如图 1.19 所示。

图 1.19　打开软件界面

1. 通过预设进行新建文件

单击"新建"（快捷键为 Ctrl+N）按钮会弹出"新建文档"对话框，不再以空白的画布开始，而是可以从多种模板中进行选择，包括 Adobe Stock 中的模板。预设的文档包括"移动设备""Web""打印""胶片和视频"以及"图稿和插画"，用户可依据自己所需来选择文档预设，当在窗口中选择某个预设的文档时，在右侧会显示预设文档宽度以及高度等详细信息，如图 1.20 所示。

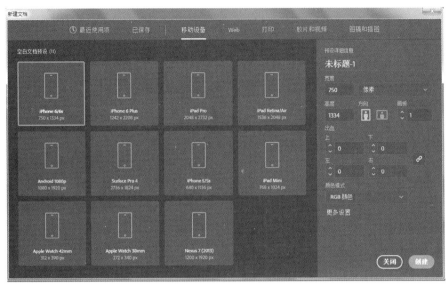

图 1.20　"新建文档"预设界面

**2. 通过自定义新建文件**

在"新建文档"对话框的右侧可以自定义设置文档的"名称""高度""宽度""方向""出血""颜色模式"等参数，也可以单击"更多设置"来设置更多的参数，最后单击"创建"按钮后新建文档步骤完成，如图 1.21 和图 1.22 所示。

图 1.21　自定义创建文件

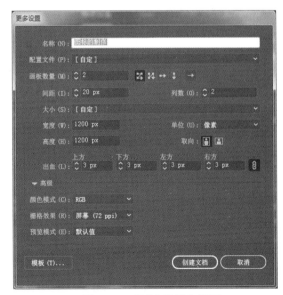

图 1.22　"更多设置"界面

"名称"选项：更改文件存储时的名称，默认名称为：未标题-1。

"宽度""高度"选项：更改面板宽度及高度，默认单位为毫米，可在下拉菜单中更改为像素、厘米等单位。

"方向"选项：设置新建文件的排列方式为竖向或横向。

"画板"选项：预设画板数量，默认为一个。

"出血"选项：根据需要设置页面的出血值，默认状态下右侧为锁定状态 🔗，可同时更改上、下、左、右的出血值，单击 🔗 使其变成 ⿻ 样式即为解锁状态，可单独设置各个方向的出血值。

"颜色模式"选项：用于设置文档的颜色模式，包括 CMYK 及 RGB 两种。

"栅格效果"选项：用于设置文档的栅格效果。

"预览模式"选项：用于设置文档的预览模式。

"模板"按钮选项：单击该按钮弹出"从模板新建"对话框，根据需要选择模板进行创建，如图 1.23 所示。

图 1.23  "从模板新建"对话框

### 1.3.2  打开文件

在打开的软件界面中单击"打开"按钮（快捷键为 Ctrl+O），如图 1.24 所示，在弹出的"打开"对话框中选择所要打开的文件，然后单击"打开"按钮；执行【文件】→【打开】命令，弹出"打开"对话框，选择要打开的文件名将其打开即可，如图 1.25 所示。

图 1.24  "打开"对话框

图 1.25  打开的文件

### 1.3.3　存储文件

用户在作品制作完成后需要保存文件，执行【文件】→【存储】、【存储为】、【存储副本】以及【存储为模板】命令，如图 1.26 所示。文件在首次保存时会弹出窗口，用户需在此窗口中重新设置文件保存的名称及存储路径。

【存储】命令：用于设置从未存储过的文件。执行【文件】→【存储】命令或者按快捷键 Ctrl+S，弹出"存储为"对话框。

图 1.26　保存文件

【存储为】命令：用于设置编辑修改后或者经过修改后不想覆盖原文件的文档。执行【文件】→【存储为】命令或者按快捷键 Ctrl+Shift+S，弹出"存储为"对话框。

【存储副本】命令：用于快速存储当前编辑的文件同时不会改变原文件。执行【文件】→【存储副本】命令或者按快捷键 Ctrl+Alt+S，弹出"存储副本"对话框。

【存储为模板】命令：用于存储当前编辑的文件为模板，方便其他用户创建和使用该文档。执行【文件】→【存储为模板】命令，弹出"存储副本"对话框。

### 1.3.4　关闭文件

关闭文件，执行【文件】→【关闭】命令，或使用快捷键 Ctrl+W 来关闭文件。如图 1.27 所示，也可在界面右上角部分单击文件后的按钮 ✖ 直接关闭文件。在关闭文件时，若当前文件为新建文件或被修改过时，会弹出提示窗口，此时用户只要单击按钮"是"即可在保存后关闭文件，也可根据需要选择"否"或者"取消"操作。

图 1.27　关闭文件

### 1.3.5　置入、导出文件

Illustrator CC 的兼容性比较好，可以使用【置入】和【导出】命令，将不同类型格式的文件置入到 Illustrator 中，同时也可以把 Illustrator 的文件导出为其他软件所需要的文件格式。

#### 1．置入文件

在 Illustrator 中置入文件是将其他的文件置入到当前编辑的文件中。执行【文件】→【置入】命令或者按快捷键 Ctrl+Shift+P，将弹出"置入"对话框。在该对话框中选择要置入的文件进行置入即可，如图 1.28 所示。

需要注意是在"置入"对话框中若选择"链接"复选框，则被置入的文件将与 Illustrator 的文件相互独立，当原文件被修改和删除时，置入的文件也将修改和删除，默认的情况下"链接"复选框是选中状态。当"链接"复选框取消时，被置入的文件会嵌入到 Illustrator 文件中成为 Illustrator 文件的一部分，当原文件被修改或者删除时，被置入的文件不会受到影响，如图 1.29 所示。"模板"复选框用于置入的文件创建一个新的模板图层。"替换"复选框用于替换在文件中之前被选择的对象从而替换为新的对象，若在原文件中没有选择对象则此选项不可用。

图 1.28　置入"卡通水果 1"对话框

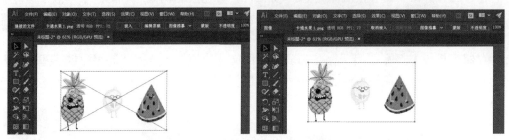

图 1.29　选中"链接"复选框（左）、未选中"链接"复选框（右）

2. 导出文件

通过 Illustrator 软件进行设计的作品需要导出为其他应用软件能够支持的格式，执行【文件】→【导出】命令，如图 1.30 所示。在 Illustrator CC 2017 的【导出】命令中包含了【导出多种屏幕所用格式】、【导出为】和【存储为 Web 所用格式】。用户可根据需要进行相应的选择。

图 1.30　【导出】命令

【导出多种屏幕所用格式】命令：包含了设置 iOS、Android 系统所用的预设大小和格式。

【导出为】命令：可以导出常用的不同类型的文件格式，用户可以根据需要进行选择保存的文件类型。

【存储为 Web 所用格式】命令：用于设置 Web 常用的文件格式。

扫码看视频

### 1.3.6　实战案例——文件的基本操作

#### 1. 任务说明

利用 Illustrator 软件中的【新建】、【置入】以及【导出】命令存储为不同格式和不同大小的多个文件，最终效果如图 1.31 所示。

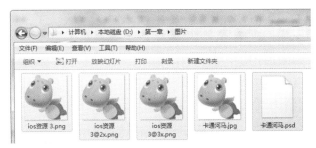

图 1.31　文件导出格式

#### 2. 任务分析

主要利用 Illustrator 软件的【新建】命令、【置入】命令和【导出】命令完成。

#### 3. 操作步骤

执行【文件】→【新建】命令，弹出"新建文档"对话框，选择"图稿和插画"中的 1280*1024 像素，文档名称为"卡通河马"，方向为"横向"，如图 1.32 所示。

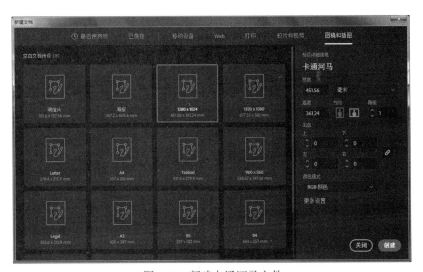

图 1.32　新建卡通河马文件

（1）单击"创建"按钮，执行【文件】→【置入】命令，选择文件"ch01/素材/卡通河马.eps"，如图 1.33 所示。

图 1.33　置入卡通河马

（2）置入的文件要比画板大，利用【选择工具】放在置入的文件边缘上，当光标变为双向箭头时，按住 Shift 键等比例缩小置入的文件同时移动到画板的适当的位置，如图 1.34 所示。

图 1.34　调整置入的文件

（3）执行【窗口】→【资源导出】命令，将弹出"资源导出"面板，利用【选择工具】选中置入的文件将其拖动到"资源导出"面板中，如图 1.35 所示。

（4）执行【文件】→【导出】→【导出多种屏幕所用格式】命令，弹出"导出多种屏幕所用格式"，选择"资产"选项卡，设置导出文件的路径，选择 iOS 所用格式，"前缀"设置为 ios，具体参数设置如图 1.36 所示。

图 1.35　"资源导出"面板

（5）单击"导出资源"按钮，将生成三个不同大小的 PNG 格式的 iOS 所用的资源，如图 1.37 所示。

（6）执行【文件】→【导出】→【导出为】命令，将弹出"导出为"对话框，选择相应的存储路径，分别存储为 JPEG 格式和 PSD 格式，如图 1.38 所示。

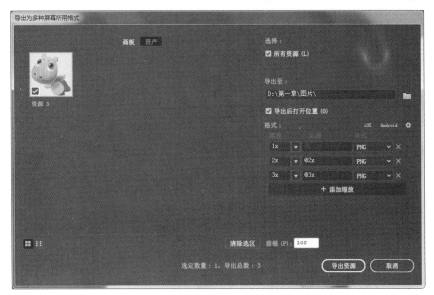

图 1.36　导出 iOS 所用格式

图 1.37　导出的 ios 资源

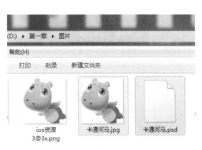

图 1.38　"导出"对话框和存储为 JPEG 格式和 PSD 格式

（7）执行【文件】→【存储】命令，将文件保存到相应的路径，同时存储为"卡通河马.ai"的 Illustrator 原文件。

# 1.4 图像的预览方式

Illustrator 软件在绘制和编辑图形图像的过程中，用户可以根据需要随时调整和改变图形图像的显示模式以及视图的比例，以便对所制作的图形图像进行更好的观察和操作。下面将介绍一些常用的图形图像的预览方式。

## 1.4.1 视图模式

Illustrator CC 共有 4 种不同的视图模式，包括"预览"模式、"轮廓"模式、"叠印预览"模式和"像素预览"模式，用户可在绘制图形图像过程中随时切换所需要的视图模式。

"预览"模式：系统默认模式，图像显示效果如图 1.39 所示。

"轮廓"模式：该模式会隐藏图形的颜色信息，只用线条的轮廓表现图形。此种模式下可以查看选择对象的轮廓线，可以节省图像的运算速度和提高制图效率，具有很强的灵活性，图像显示效果如图 1.40 所示。执行【视图】→【轮廓】命令（快捷键 Ctrl+Y）来快速切换"轮廓"模式，再次使用此快捷键可以直接切换到"预览"模式。

图 1.39 "预览"模式

图 1.40 "轮廓"模式

"叠印预览"模式：该模式可以使图像显示接近油墨混合的效果，如图 1.41 所示。执行【视图】→【叠印预览】命令（快捷键 Alt+Shift+Ctrl+Y）切换。

"像素预览"模式：可以将矢量图模式的图形转换为位图显示，效果如图 1.42 所示。"像素预览"模式有利于编辑图形图像的精度和尺寸等，并且在放大图形时能够看到像素点。执行【视图】→【像素预览】命令（快捷键 Alt+Ctrl+Y）切换。

图 1.41 "叠印预览"模式

图 1.42 "像素预览"模式

### 1.4.2　图像的缩放显示

用户在编辑图形图像时可以根据画板与内容合理地调整窗口的大小、内容的大小以及观察图形图像的实际大小等，便于更好地处理与操作对象。

**1. 画板适合窗口大小的显示**

执行【视图】→【画板适合窗口大小】命令（快捷键 Ctrl+0），此时可将当前画板按照屏幕的尺寸进行缩放图像的大小。该模式会将图形图像显示在工作界面中并会保持其完整性，如图 1.43 所示。

**2. 实际大小的显示**

执行【视图】→【实际大小】命令（快捷键 Ctrl+1），可以将图像按照 100%的比例效果显示。此种模式可以直观地显示图像实际大小的状态，如图 1.44 所示。

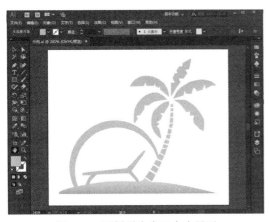

图 1.43　画板适合窗口大小显示

图 1.44　显示图像的实际大小

**3. 放大的显示**

放大显示图像顾名思义就是将图像放大。执行【视图】→【放大】命令（快捷键 Ctrl++），每次执行此命令都会将图像在原来基础上放大一级，如图 1.45 所示。

图 1.45　放大显示图像

工具栏中的【缩放工具】也可以放大图像。选择【缩放工具】（快捷键 Ctrl+Space），在操作界面中光标会自动转换成放大镜样式，单击鼠标左键可以放大图像。值得注意的是在操作过程中若要放大图像的局部区域，可以使用【缩放工具】的同时按住鼠标左键拖动并且框选所需放大的区域，如图 1.46 所示。

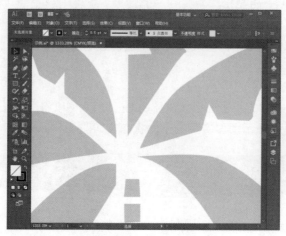

图 1.46　缩放工具框选放大局部区域

使用状态栏也可直接将图像放大显示至所需要的比例，在状态栏中的百分比数值框 200% 中选择或者输入需要放大的数值后即可。

4. 缩小的显示

执行【视图】→【缩小】命令（快捷键 Ctrl+-)，执行此命令可将图像在原来基础上缩小，如图 1.47 所示。

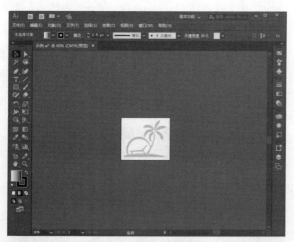

图 1.47　缩小显示图像

工具栏中的【缩放工具】也可缩小图像。选择【缩放工具】（快捷键 Ctrl+Alt+Space），在操作界面中光标会自动转换成带有 "-" 样式的放大镜根据需要进行缩小操作。

使用状态栏可直接将图像缩小显示至所需要的百分比，在百分比数值框 60% 中输入需要缩小的数值后即可。

### 1.4.3　屏幕模式显示图像

在 Illustrator CC 中共有三种屏幕模式，分别为正常屏幕模式、带有菜单栏的全屏模式、全屏模式。单击工具箱中的"更改屏幕模式"图标　来切换，也可反复按 F 键来切换各个模式，按 Esc 键可退出全屏幕模式。

"正常屏幕"模式：此种屏幕模式为默认模式，界面中包括标题栏、菜单栏、工具箱、工具属性栏、控制面板、状态栏。

"带有菜单栏的全屏幕"模式：此种模式的界面包括菜单栏、工具箱、工具属性栏及控制面板，如图 1.48 所示。

图 1.48　"带有菜单栏的全屏幕"模式

"全屏"模式：此种屏幕显示模式下，界面只显示图像的操作区，菜单栏、工具栏等面板均被隐藏，只显示底部的状态栏，按 Tab 键可切换到"带有菜单栏的全屏幕"模式。当鼠标悬停至界面的左右两侧边缘处时，此处被隐藏的工具栏和面板将会弹出，如图 1.49 所示。

图 1.49　"全屏"模式

### 1.4.4　多窗口的显示

在设计与制作的过程中当用户需要同时编辑多个文件窗口时，为了便于操作可将多个文件窗口进行排列和布置。在打开多个图像文件后，将光标移至文件的标题栏处，可拖曳文件窗口到界面的任意位置，同时也可以调整每个窗口的大小，如图 1.50 所示。执行【窗口】→【排列】→【层叠】命令、执行【窗口】→【排列】→【平铺】命令，均可将多个图像的窗口进行显示，如图 1.51 和图 1.52 所示。执行【窗口】→【排列】→【合并所有窗口】命令，窗口将恢复至原始打开状态。

图 1.50　窗口任意摆放

图 1.51　窗口层叠

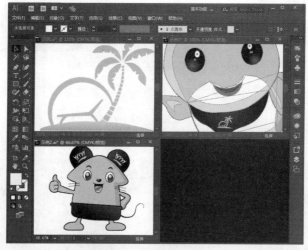

图 1.52　窗口平铺

## 1.5　辅助工具的使用

Illustrator CC 为用户提供了标尺、参考线、网格和透明网格等辅助工具，用户在绘制过程中可以更好地对图形图像进行更准确的定位和测量尺寸，同时也可以通过自定义标尺、参考线和网格等为用户带来便利的操作。

### 1.5.1　标尺

标尺工具可以帮助用户精确定位和度量画板中的对象，在默认的状态下标尺是不显示的。

1．使用标尺

执行【视图】→【标尺】→【显示标尺】命令（快捷键 Ctrl+R）便可直接显示或隐藏标尺，如图 1.53 所示。

图 1.53　选择显示标尺

2．画板标尺与更改为全局窗口标尺

在默认的情况下显示的标尺为【画板标尺】，执行【视图】→【标尺】→【更改为全局窗口】命令，区别是当窗口中有多个画板时，使用【画板标尺】定位的原点为每个画板的左上角，若使用【更改为全局窗口】标尺，则定位的原点（标尺上显示 0 的位置称为标尺原点）只为左上角的第一个画版。若需要调整标尺原点的位置，可将光标移动到标尺的左上角，按住鼠标左键直接拖动到窗口中的新位置即可，若需恢复原点位置，则双击标尺左上角。

3．更改标尺单位的方法

若需更改标尺的单位，可将光标移动到标尺处，单击鼠标右键，选择所需单位即可。也可在【编辑】→【首选项】（快捷键为 Ctrl+K）→【单位】中更改单位，如图 1.54 所示。也可在【文件】→【文档设置】→【单位】中更改文件所需要的单位，如图 1.55 所示。

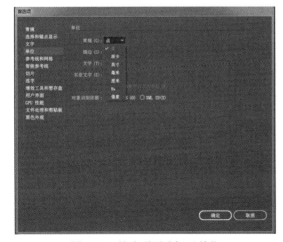

图 1.54　首选项更改标尺单位

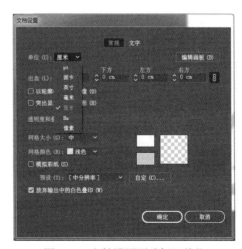

图 1.55　文档设置更改标尺单位

### 1.5.2 参考线

参考线可帮助用户排列与对齐对象，确定图形的相对位置。可以创建水平和垂直的参考线，可以将矢量的图形和路径转换为参考线。

**1. 参考线的创建**

要创建参考线，需先打开标尺，将光标移到水平或垂直标尺上，按住鼠标左键并拖动到页面所需参考线的区域，释放鼠标，多次操作可建立多条水平和垂直的参考线。也可将光标放置在水平标尺或垂直标尺想要建立参考线的位置上，双击鼠标左键即可建立参考线，如图 1.56 所示。

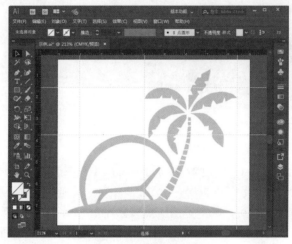

图 1.56　建立参考线

**2. 参考线的释放**

在 Illustrator CC 中可将矢量图形或者路径转换为参考线。选中要转换为参考线的图形，执行【视图】→【参考线】→【建立参考线】命令（快捷键 Ctrl+5），也可以在矢量的图像上右击选择建立参考线即可将选中的图形转换成参考线，如图 1.57 所示。

图 1.57　将矢量图形转换为参考线

3. 编辑参考线

参考线建立后，为了便于用户的操作，可以执行移动、锁定、隐藏和清除参考线命令。选中所要移动的参考线，可用鼠标拖曳的方式，也可用键盘上的↑、↓、←、→键或者按住 Shift 键成倍数的进行移动。

锁定参考线：执行【视图】→【参考线】→【锁定参考线】命令（快捷键为 Ctrl+Alt+；）可将参考线固定，再次使用快捷键"Ctrl+Alt+；"即可解除锁定。

隐藏参考线：执行【视图】→【参考线】→【隐藏参考线】命令（快捷键为 Ctrl+；）将参考线隐藏，再次使用快捷键"Ctrl+；"即可显示参考线。

清除参考线：执行【视图】→【参考线】→【清除参考线】命令即可删除全部参考线，若要单独删除某个参考线，可以选中参考线然后移动到窗口以外区域即可删除。

### 1.5.3　智能参考线

智能参考线是为创建和编辑对象时临时显示的具有对齐作用的参考线，执行【视图】→【智能参考线】命令（快捷键 Ctrl+U）即可打开智能参考线功能，再次执行 Ctrl+U 关闭智能参考线，如图 1.58 所示。当图像移动或旋转到一定角度时，智能参考线便会高亮显示并给出提示信息。需要注意的是，在使用【对齐网格】或者【像素预览】命令时，将无法使用【智能参考线】命令。智能参考线的提示信息可以通过【编辑】→【首选项】→【智能参考线】进行设置，如图 1.59 所示。

图 1.58　智能参考线

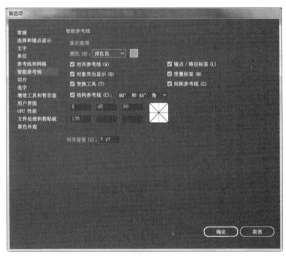

图 1.59　智能参考线的设置

"颜色"选项：用于设置参考线的颜色。

"对齐参考线"选项：用于设置显示沿着几何对象、画板、出血的中心和边缘生成参考线。当移动对象、绘制形状、使用钢笔工具以及对对象执行变换操作时也能显示参考线。

"锚点/路径标签"选项：用于设置在路径相交或者路径居中对齐锚点时显示信息。

"对象突出显示"选项：用于设置在对象周围拖动时突出显示指针下的对象。突出显示颜色与对象的图层颜色的匹配。

"度量标签"选项：用于设置当创建、选择、移动对象时可显示相对于对象的原始位置的 X 轴和 Y 轴的偏移量，在使用绘图工具时，按住 Shift 键时则会显示起始位置。

"变换工具"选项：用于设置比例缩放、选装和倾斜时显示的信息。

"结构参考线"选项：用于设置新对象时显示的参考线。

"对齐容差"选项：用于设置使智能参考线生效的指针与对象之间的距离。

### 1.5.4　网格和透明网格

用户编辑图像的位置和排版的对齐时网格是非常有用的，需要借助网格来保证图形的精确度，执行【视图】→【显示网格】命令（快捷键 Ctrl+"）显示网格，再次按 Ctrl+"快捷键将隐藏网格，如图 1.60 所示。在显示网格后，执行【视图】→【对齐网格】命令，在编辑对象时，对象能够自动对齐网格，可以提高操作的准确性，再次执行【视图】→【对齐网格】命令将取消对齐的网格效果。

图 1.60　显示网格

网格的颜色、样式、间隔等属性可通过执行【编辑】→【首选项】→【参考线和网格】命令进行设置，如图 1.61 所示。

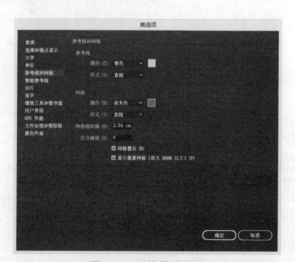

图 1.61　网格属性设置

"颜色"选项：设置网格的线条颜色。

"样式"选项：设置网格线条的样式，例如直线和虚线。

"网格线间隔"选项：设置网格中线与线的间隔距离。

"次分隔线"选项：设置细分网格线的多少。

"网格置后"选项：设置网格线的显示在图形的上方或下方。

"显示像素网格"选项：当图像放大至 600%以上时，显示像素网格。

扫码看视频

### 1.5.5　实战案例——显示与设置网格操作

**1. 任务说明**

利用 Illustrator 软件中的【打开】、【显示网格】以及【设置网格属性】命令等完成对文件网格的基本操作。最终效果如图 1.62 所示。

**2. 任务分析**

主要利用 Illustrator 软件的【打开】命令、【显示网格】命令以及【首选项】设置等命令完成。

**3. 操作步骤**

（1）执行【文件】→【打开】命令，选择"ch01/素材/logo.ai"文件，单击"打开"按钮将文件在 Illustrator 中打开，如图 1.63 所示。

图 1.62　最终效果

图 1.63　打开文档

（2）执行【视图】→【显示网格】命令，可以看到网格显示在视图区域，如图 1.64 所示。

图 1.64　显示网格

（3）执行【视图】→【标尺】→【显示标尺】命令将标尺显示出来，同时执行【编辑】→【首选项】→【参考线和网格】命令进行设置网格的参数。"颜色"设置为"淡红色"，"网格线间隔"设置为 50mm，次分隔线设置为 5，如图 1.65 所示。

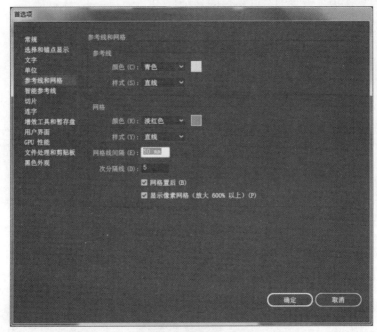

图 1.65　网格属性设置

（4）利用【选择工具】在 logo 对象的边缘处，按住 Shift 键进行缩放，并移动 logo 对象使其对齐网格线，如图 1.66 所示。

图 1.66　调整对象

（5）单击工具箱中的"更改屏幕模式"图标▭来切换至全屏显示状态进行查看，执行【文件】→【存储为】命令，选择存储路径并将文件存储为 SVG 格式，如图 1.67 所示。

图 1.67　全屏模式（左）、存储文件（右）

# 本章小结

（1）Illustrator CC 是 Adobe 公司旗下的矢量图形绘制和设计软件。

（2）矢量图与位图的比较：矢量图的优点是缩放以后不会失真，在存储时占用的空间较小等，缺点是呈现的色彩不够丰富以及没有变化细腻的色彩过渡；位图的优点是能够精美地呈现图像的丰富色彩，缺点是图像放大时会失真，像素越大存储占用的空间越大。

（3）Adobe Illustrator 中图像的色彩模式分为 RGB 模式、CMYK 模式、HSB 模式、灰度模式，以及 Web 安全 RGB 模式。

# 课后习题

## 一、判断题

1．矢量图具有放大、缩小都不会失真的特点。　　　　　　　　　　　　　　　（　　　）

2．Illustrator CC 2017 共有 RGB、CMYK、HSB、灰度、Web 安全 RGB 五种色彩模式。

（　　　）

3．CMYK 颜色是一种印刷模式的颜色，由分色的 4 种颜色组成。　　　　　（　　　）

4．Illustrator 软件的默认存储格式时 PSD 格式。　　　　　　　　　　　　（　　　）

5．JPEG 格式是一种无损的压缩格式，支持 Alpha 通道且不支持透明。　　（　　　）

6．Illustrator 和 Photoshop 同是 Adobe 公司的产品，两者有很好的兼容性。（　　　）

7．位图的最大特点是放大和缩小时都不会失真。　　　　　　　　　　　　　（　　　）

## 二、选择题

1．下列选项中对 AI 格式文件的描述错误的是（　　　）。

　　A．占用空间小　　　　　　　　　　B．打开速度快

　　C．方便格式转换　　　　　　　　　D．是一种无损压缩格式

2. 下面的选项中，用于更改屏幕显示模式的快捷方式为（    ）。

    A.【A】                    B.【F】

    C.【P】                    D.【Y】

3. 锁定参考线的快捷方式为（    ）。

    A. Ctrl+Alt+;              B. Ctrl+Alt+:

    C. Ctrl+;                   D. Alt+;

4. 下列选项中，属于 PNG 格式特点的是（    ）。

    A. 一种无损的压缩格式           B. 体积较大

    C. 支持透明和动画             D. 适用于所有的浏览器

5. 下列选项中属于 Illustrator CC 的视图模式的是（    ）。

    A. 预览                      B. 轮廓模式

    C. 叠印预览模式              D. 像素预览模式

6. 下列选项中属于 Illustrator CC 的显示或隐藏标尺的快捷键是（    ）。

    A. Ctrl+B                  B. Ctrl+R

    C. Ctrl+V                  D. Ctrl+Alt

### 三、填空题

1. Illustrator CC 共有 4 种视图模式，具体为_____、_____、_____、_____。

2. 新建文件的快捷键是_____，保存文件的快捷键是_____。

3. 放大显示图像的快捷键是_____。

# 第2章 基本图形绘制与编辑

本章将介绍 Illustrator CC 2017 中基本图形工具的使用方法，还将介绍 Illustrator CC 2017 的手绘图形工具及其修饰方法，并详细讲解对象的编辑方法。认真学习本章的内容，可以掌握 Illustrator CC 2017 的绘图功能和其特点，以及编辑对象的方法，为进一步学习 Illustrator CC 2017 打好基础。

- 绘制线段和网格
- 绘制基本图形
- 手绘图形
- 对象的编辑

## 2.1 线型工具组

对于设计工作者尤其是初学者来说，工具箱是最重要的操作面板，它好比设计师手中的画笔，无论是文字的输入还是图形的绘制，都要用到工具箱中的工具。要显示或隐藏工具箱，可以选择菜单栏中的【窗口】→【工具】命令。

单击工具箱面板顶部的双箭头，可选择"工具箱"一栏显示或两栏并排显示，从而方便设计师的操作需要。工具组中部分按钮的右下角若存在小三角形，说明这些工具下面还有隐藏工具，将鼠标指针放在此类工具上面，并按住鼠标左键即可查看或选择，如果同时按住 Alt 键单击该图标，则隐藏工具将会按照排列顺序循环显示。

如果在文档操作过程中感觉隐藏工具用起来不方便，还可以将这些隐藏工具调出来，这是 Illustrator 的人性化设置。单击工具箱中的【钢笔工具】图标，将光标移动到弹出菜单的右侧小三角处，然后释放鼠标，即可调出单独的钢笔工具组面板，还可以单击面板顶部的双箭头，转换停放方向。

Illustrator 提供了一些简单的线型工具，如【直线段工具】、【弧形工具】、【螺旋线工具】等，使用这些工具可以绘制比较简单的线条。

### 2.1.1 直线段工具

直线是简单图形中的基本元素，利用【直线段工具】将指针定位到预定起点位置单击并拖动，直到需要结束的终点位置，释放鼠标，即可得到一条直线。可以通过"直线段工具选项"对话框内的选项来设置直线的长度和方向。双击工具图标后，在需要创建直线的起点位置单击，就可打开对话框对选项进行设置，如图 2.1 所示。确认设置后，就会创建出需要的直线段，如图 2.2 所示。

图 2.1　"直线段工具选项"对话框　　　　　　　　图 2.2　创建直线段

选择【直线段工具】，可以绘制出一条任意角度的斜线；按住 Shift 键，可以绘制出水平、垂直或 45 度角及其倍数的直线；按住 Alt 键，可以绘制出以鼠标单击点为中心的直线（由单击点向两边扩展）；按住～键，可以绘制出多条直线（系统自动设置）。

### 2.1.2　弧形工具

【弧线段工具】　的使用方法与【直线段工具】　相同，可以在画板中直接拖曳来创建弧线，也可以通过"弧线段工具选项"对话框中选项进行设置，该对话框如图 2.3 所示。

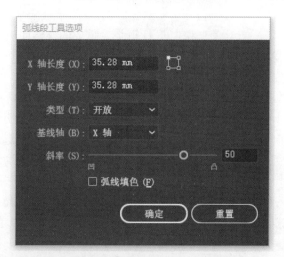

图 2.3　"弧线段工具选项"对话框

利用【弧线段工具】可以绘制出开放的弧线段和闭合的弧形，在绘制时可以通过键盘上的 C 键进行开放与闭合路径之间的切换，如图 2.4 所示。使用"弧线段工具选项"绘制弧线时，拖曳鼠标的过程中按住 Shift 键，可以得到 x 轴和 y 轴长度相等的弧线；按住 F 键，可改变弧线的方向；按住 X 键，可将弧线在凹曲线和凸曲线之间切换，如图 2.5 所示。

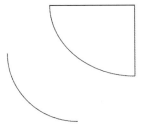
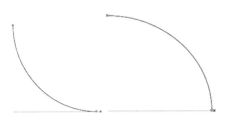

图 2.4　绘制出开放的弧线段和闭合的弧形　　　　图 2.5　弧线在凹曲线和凸曲线之间切换

### 2.1.3　螺旋线工具

【螺旋线工具】◎用于绘制各种螺旋形状的线条，选中该工具后，在画板中拖曳即可创建螺旋线，也可以通过对话框来实现，在画板中需要创建螺旋线的位置单击，打开"螺旋线"对话框，进行设置即可，如图 2.6 所示。

图 2.6　"螺旋线"对话框

其中，"衰减"用来指定螺旋线的每一螺旋相对于上一螺旋应减少的量，该值越小，螺旋线的间距越小。"段数"则决定了螺旋线路径线段的数量，如图 2.7 和图 2.8 所示。

图 2.7　螺旋线的"衰减"　　　　　　　　　图 2.8　螺旋线的"段数"

在工具箱中单击【螺旋线工具】图标后，使用该工具在图形中需要绘制的任意位置单击并按住鼠标左键拖曳即可绘制出螺旋线，如图 2.9 所示。在拖曳鼠标时按下 R 键，即可更改螺旋线样式，如图 2.10 所示；继续在图中进行绘制，绘制效果如图 2.11 所示。绘制螺旋线时，按下空格键，可以移动已绘制内容，重新定位。

**Illustrator** 提供了两种网格工具：一是【矩形网格工具选项】▦；二是【极坐标网格工具选项】◉。这使得绘制网格变得非常容易，避免了多个形状的拼接，在使用表格或图示等项目设计时，能有效地提高工作效率。

图 2.9　绘制螺旋线　　　　　　　　　　图 2.10　更改螺旋线样式

图 2.11　继续绘制螺旋线

### 2.1.4　矩形网格工具

【矩形网格工具】▦用于绘制带网格的矩形，在工具箱中双击该工具图标，打开"矩形网格工具选项"对话框，在对话框中可以设置矩形网格的大小、水平方向网格的数量、垂直方向网格的数量，如图 2.12 所示。在默认情况下，使用【矩形网格工具】可以绘制出一个水平和垂直方向分隔线为 5 的矩形网格，如图 2.13 所示。

图 2.12　"矩形网格工具选项"对话框

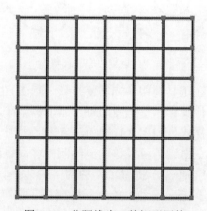

图 2.13　分隔线为 5 的矩形网格

在画板中拖曳绘制矩形网格的过程中，按住 C 键，竖向的网格间距逐渐向右变窄，如图 2.14 所示；按住 X 键，横向的网格间距会逐渐向左变窄，如图 2.15 所示；按住 F 键，横向的网格间距会逐渐向下变窄，如图 2.16 所示。

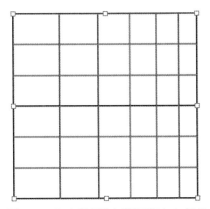

图 2.14　竖向的网格间距逐渐向右变窄

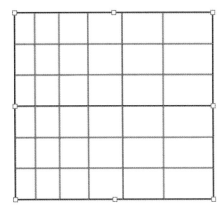

图 2.15　横向的网格间距会逐渐向左变窄

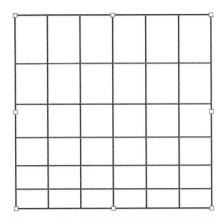

图 2.16　横向的网格间距会逐渐向下变窄

在使用"矩形网格工具选项"进行绘制的过程中，按住键盘上的↑或↓方向键可增加或减少横向网格的数量；按←或→方向键，可增加或减少竖向网格的数量。

### 2.1.5　极坐标网格工具

使用【极坐标网格工具】可以绘制同心圆以及按照指定参数确定的放射线段，使用方法与【矩形网格工具】的操作相似，可以通过拖曳鼠标生成极坐标网格，也可以通过双击该工具图标，在打开的"极坐标网格工具选项"对话框中进行精确的设置，如图 2.17 所示。

在绘制网格时还可以利用一些快捷键来辅助绘制得到一些特殊效果。

使用【极坐标网格工具】在画板中单击并拖曳鼠标绘制出极坐标网格时，按下键盘上的向上方向键↑，即可添加同心圆网格数量，如图 2.18 所示；按下向右方向键→，可添加径向分隔线条的数量，如图 2.19 所示；按下 X 键，同心圆会向网格中心聚拢；按下 C 键，同心圆会向边缘聚拢；按下 V 键，分隔线会沿顺时针方向聚拢；按下 F 键，分隔线会沿逆时针方向聚拢。

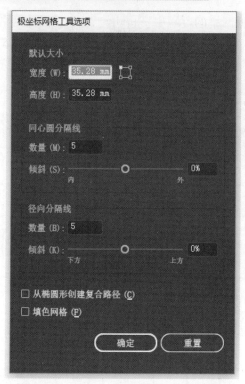

图 2.17 "极坐标网格工具选项"对话框

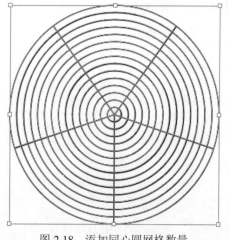

图 2.18 添加同心圆网格数量

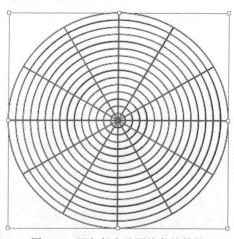

图 2.19 添加径向分隔线条的数量

## 2.2 基本图形的绘制

很多复杂的图形形状都是由最基本的规则形状进行变形或组合而成，只有熟练掌握了各种绘图工具的使用方法，才能将我们需要的图形或设计绘制出来。

在 Illustrator 中，常用到一些基本图形绘制工具，比如【矩形工具】、【圆角矩形工具】、【椭圆工具】、【多边形工具】、【星形工具】、【光晕工具】等。

### 2.2.1　矩形工具组

矩形工具组包括【矩形工具】■、【圆角矩形工具】▣、【椭圆工具】⬭、【多边形工具】◉、【星形工具】☆及【光晕工具】✸，这一类的绘图工具操作基本相同。

### 2.2.2　矩形、圆角矩形、椭圆和圆形工具

选择【矩形工具】■ 或【圆角矩形工具】▣，将鼠标指针定位到预定起点位置单击，并向对角线方向拖动。在拖动的过程中调节方向、长度和高度，直到合适的大小，释放鼠标，即可得到一个矩形，用同样方法可以绘制出圆角矩形和椭圆形。如果要绘制尺寸精确的矩形、圆角矩形，可在当前工具状态下单击画板空白位置，弹出该形状的选项对话框，"矩形"和"椭圆"选项对话框基本相同，如图 2.20、图 2.21 所示，在其中指定宽度和高度及圆角矩形的圆角半径，单击"确定"按钮即可绘制出精确尺寸的形状。

图 2.20　"矩形"选项对话框

图 2.21　"椭圆"选项对话框

在绘制矩形、圆角矩形、椭圆时，按下 Shift 键，可约束绘制图形的高度和宽度值相等，从而绘制出正方形、圆角正方形和正圆，如图 2.22 所示。

图 2.22　绘制正方形、圆角正方形和正圆

### 2.2.3　多边形工具和星形工具

【多边形工具】◉和【星形工具】☆ 在绘图中也经常用到，多用于绘制一些规则的特殊形状。【多边形工具】用于绘制规则的多边形，【星形工具】用于绘制星形。

从工具箱中单击【多边形工具】图标或【星形工具】图标，将指针在指定位置单击，并向周围拖动（绘制多边形和星形时，默认状态下是以鼠标单击处为中心向周边绘制），在拖动的过程中调节方向和大小，释放鼠标，即可得到一个多边形或星形，如图 2.23 所示。

如果要绘制尺寸精确的多边形和星形，可在当前工具状态下单击画板空白位置，弹出"多边形"或"星形"选项对话框，如图 2.24 所示。在其中设置相关参数，即可得到精确要求的形状。

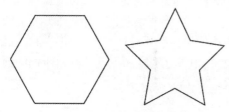

图 2.23 绘制多边形和星形　　　　　　　图 2.24 "多边形"及"星形"选项对话框

矩形工具组中常用功能键：

Shift 键：在绘制多边形和星形时，按下 Shift 键，可绘制正多边形和正星形。

Ctrl 键：在绘制星形时，按下 Ctrl 键，拖动鼠标，可切换星形角点和内陷点，并可调节内陷的大小。如图 2.25 所示为使用 Ctrl 键辅助绘制的星形。

Alt 键：在绘制星形时，按下 Alt 键，可绘制看上去比较均匀的标准星形。

Shift+Alt 键：在绘制星形时，按下 Shift+Alt 键，可绘制标准的正星形。

空格键：绘制多边形和星形时，按下空格键，可以移动已绘制内容，重新定位。

方向键：绘制多边形和星形时，使用上下方向键可以增加或减少多边形的边数或星形的角数，如图 2.26 所示。

图 2.25 使用 Ctrl 键辅助绘制星形　　　　图 2.26 使用方向键辅助绘制星形

### 2.2.4 光晕工具

使用【光晕工具】 可以创建具有明亮的中心、光晕和射线及光环的光晕对象，所绘制的光晕主要模仿镜头光晕的效果。在图形中需要创建光晕的位置单击，并按住鼠标向外拖曳，可控制光晕的大小，拖曳到适当大小后，释放鼠标即可绘制出光晕，如图 2.27 所示；然后使用鼠标再次单击并拖曳，可以添加带光环的光晕效果，如图 2.28 所示；完成光晕绘制后，取消光晕的选择，在图形中就可以看到添加的光晕效果，如图 2.29 所示。

图 2.27　创建光晕　　　　　图 2.28　添加带光环的光晕效果　　　　图 2.29　添加的光晕效果

使用【光晕工具】在画板中单击，或双击工具箱中的【光晕工具】，即可打开"光晕工具选项"对话框，可以对光晕的各个环节进行精确的设置，对话框如图 2.30 所示。

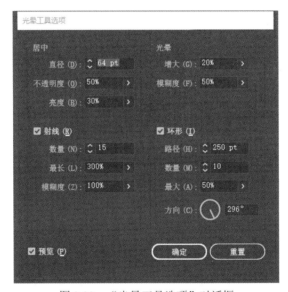

图 2.30　"光晕工具选项"对话框

光晕工具选项如下：

"居中"选项："直径"可控制光晕效果的整体大小，"不透明度"用来设置光晕效果的透明度，"亮度"可调整光晕效果的亮度。

"光晕"选项："增大"可设置光晕效果的发光程度，"模糊度"用来控制光晕柔和程度。

"射线"选项："数量"用来设置射线的数量，"最长"可设置最长射线的长度，"模糊度"用于控制射线的柔和程度。

"环形"选项："路径"用于设置光晕效果中心与末端的距离，"数量"可设置光环的数量，"最大"用来设置光晕效果中光环的最大比例，"方向"用于设置光晕效果的发射角度。

光晕工具常用功能键：

Shift 键：在绘制光晕时，按下 Shift 键可固定光晕射线的角度。

Ctrl 键：在绘制光晕时，按下 Ctrl 键可以增大光晕而减小射线的直径范围，如图 2.31 所示。

图 2.31  增大光晕而减小射线的直径范围

Alt 键：在绘制光晕时，按下 Alt 键可以快速绘制默认设置的光晕。

空格键：绘制光晕时，按下空格键可以移动已绘制内容，重新定位。

方向键：绘制光晕时，使用上下方向键可以增加或减少射线的数量，上方向键↑可以增加射线的数量，下方向键↓可以减少射线的数量。

### 2.2.5  填色和描边

图形的填充指对图形内部及轮廓进行颜色、渐变或图案的直译。描边则指将路径设置为可见的轮廓，使其呈现不同的外观。

#### 1. 单色填充

所谓单色填充，是指填充的颜色是单一颜色，而且没有深浅的变化。单色填充主要利用"颜色"调板和"色板"调板来完成。单色填充也分为两个部分：填充颜色与描边颜色。

双击"填色"／或"描边" 图标，弹出"拾色器"调板，如图 2.32 所示；在该调板中可进行颜色的设置，效果如图 2.33 所示；默认工具箱中的填充和描边控件如图 2.34 所示。

图 2.32  "拾色器"调板

图 2.33  调板中进行颜色的设置

图 2.34  默认工具箱中的填充和描边控件

要为对象设置"填色"或"描边"，首先应选择对象，然后单击工具箱底部的"填色"或"描边"图标，将其中的一项设置为当前编辑状态，此后便可在"色板"面板、"渐变"面板、"描边"面板等处设置填充和描边内容，如图 2.35 所示。单击【默认填色和描边】图标，可以将填色和描边颜色设置为默认的颜色（黑色描边、白色填充），如图 2.36 所示；单击【互换填色和描边】图标，可以互换填充和描边内容，如图 2.37 所示；单击【颜色】图标，可以使用单色进行填充或描边；单击【渐变】图标，可以用渐变色进行填充或描边；单击【无】图标，可删除填充或描边的颜色。

 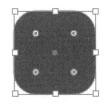

图 2.35　设置填充和描边内容

图 2.36　填色和描边颜色设置为默认的颜色

 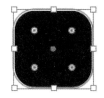

图 2.37　互换填充和描边内容

按下 X 键可以将工具箱中的填色或描边切换为当前编辑状态；按下 Shift+X 键可以互换填色和描边。例如，如果填色为白色，描边为黑色，则按下 Shift+X 键后，填色变为黑色，描边变为白色。

选择一个对象，使用【吸管工具】在另外一个对象上单击，可拾取该对象的填色和描边属性并将其应用到所选对象上，如图 2.38 所示。如果没有选择任何对象，则使用【吸管工具】在一个对象上单击（可拾取填色和描边属性），然后按住 Alt 键单击其他对象，可将拾取的填色和描边属性应用到该对象中，如图 2.39 所示。

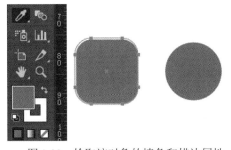  

图 2.38　拾取该对象的填色和描边属性　　　图 2.39　拾取的填色和描边属性应用到该对象

调整颜色时，如果出现"溢色警告"，就表示当前颜色超出了 CMYK 色域范围，不能被准确打印，单击警告右侧的颜色块，Illustrator 会使用与其最为接近的 CMYK 颜色来替换溢色。如果出现"超出 Web 颜色警告"，则表示当前颜色超出了 Web 安全色的颜色范围，不能在网页上正确显示，单击警告右侧的颜色块，Illustrator 会使用与其最为接近的 Web 安全色来替换溢色。

## 2．渐变填充

【渐变填充】▣包括"线性"和"径向"两种色彩渐变方式，可以绘制出多种渐变效果，在设计和制作的过程中经常被使用。

执行【窗口】→【渐变】命令，可调出"渐变"面板，如图 2.40 所示。

线性渐变：在"渐变"面板上选择渐变类型为"线性"，双击滑块为对象填充线性渐变，效果如图 2.41 所示。

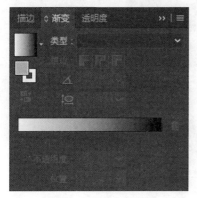

图 2.40　"渐变"面板

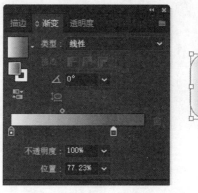

图 2.41　填充线性渐变

径向渐变：在"渐变"面板上选择渐变类型为"径向"，双击滑块为对象填充径向渐变，效果如图 2.42 所示。

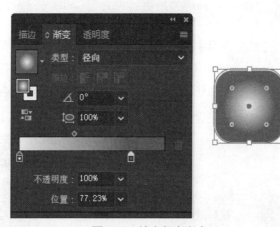

图 2.42　填充径向渐变

## 3．图案填充

图案是指具有一定形态的图形或组合图形，以一定的间隔重复出现的装饰效果。我们可将一些美丽的花纹、图案等图形图像填充到一定的形状中，图案填充也同样可以完成图形内部和图形描边两个部分的填充。

执行【窗口】→【色板】命令，可打开"色板"面板，单击"色板"面板上的图案即可填充，如图 2.43 所示。如果色板上的图案不能让用户满意，可以在"色板库"里寻找或自定义图案，其操作过程及图案填充后的效果如图 2.44 和图 2.45 所示。

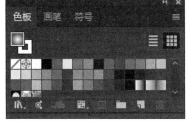

图 2.43 "色板"面板上的图案

图 2.44 寻找或自定义图案

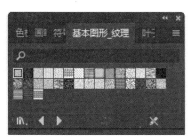

图 2.45 选择图案

使用自定义图案的方法：选中需要自定义的对象，按住鼠标左键将其拖到"色板"调板中。调板中会自动形成一个新的图案，自定义图案的制作即完成，这时可以利用新建图案对圆形进行填充。

### 2.2.6 实战案例——设计制作砖块

本案例要求设计制作砖块图形，如图 2.46 所示。

扫码看视频

图 2.46 砖块图形

操作步骤：

（1）按住 Shift 键，使用【矩形工具】绘制出一个正方形，如图 2.47 所示。

（2）按住 Shift 键，用【直线工具】画出两条相交的斜线，如图 2.48 所示。

（3）使用【选择工具】选中所有图形，在"对齐"调板中，单击"水平居中对齐"和"垂直居中对齐"按钮，并微调为对角线，如图 2.49 所示。

图 2.47　绘制正方形

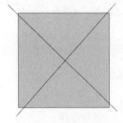
图 2.48　画出两条相交的斜线

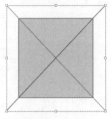
图 2.49　对齐并微调

（4）在"路径查找器"调板中单击"分割"按钮，如图 2.50 所示。

（5）使用【直接选择工具】依次选择不同的三角形，并给不同的三角形加上不同的填充色，如图 2.51 所示。

（6）按住 Shift 键，使用【矩形工具】绘制出一个较小正方形，并将颜色改为 RGB 值均为 182 的颜色，如图 2.52 所示。

图 2.50　进行分割操作

图 2.51　填充不同的颜色

图 2.52　绘制小正方形

（7）使用【选择工具】选中所有图形，在"对齐"调板中，单击"水平居中对齐"和"垂直居中对齐"按钮，如图 2.53 所示。

（8）将图形拖入"色板"调板中，生成图案，如图 2.54 所示。

图 2.53　对齐和居中

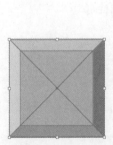

图 2.54　图形拖入到"色板"调板

（9）绘制一个形状，在"色板"调板中单击该新建的图案，即可应用。

# 2.3  手绘图形

除了基本绘图工具之外，Illustrator 还提供了一系列自由图形绘制的工具，利用这些手绘工具，通过锚点和路径的绘制与编辑，可以绘制出各种复杂变化的图形，绘制的图形如图 2.55 所示。

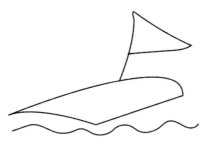

图 2.55  绘制出各种复杂变化的图形

### 2.3.1  认识锚点和路径

矢量图形是由称作矢量的数学对象定义的直线和曲线构成的。每一段直线和曲线都是一段路径，所有的路径通过锚点连接，如图 2.56 所示。

图 2.56  锚点和路径

路径是一个很广的概念，既可以是一条单独的路径线段，也可以包含多个路径线段；既可以是直线，也可以是曲线；既可以是开放式的线段（图 2.57），也可以是闭合式的矢量图形（图 2.58）。路径的形状由锚点控制。锚点分为两种：一种是平滑点，另一种是角点。平滑的曲线由平滑点连接而成；直线和转角曲线由角点连接而成。

图 2.57  开放式的线段

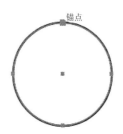

图 2.58  闭合式的矢量图形

在 Illustrator 中绘制的曲线也称作贝塞尔曲线，这种曲线的锚点上有一到两根方向线，方向线的端点处是方向点（也称手柄），如图 2.59 所示。拖动该点可以调整方向线的角度，进而影响曲线的形状，如图 2.60 所示。

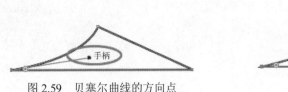

图 2.59　贝塞尔曲线的方向点　　　　　　　图 2.60　贝塞尔曲线的形状变化

### 2.3.2　铅笔工具

**1．利用铅笔工具绘制路径**

使用【铅笔工具】可以直接绘制路径，就像用铅笔在纸上绘图一样，随意性比较强，因此不能创建精确的直线和曲线，多用于绘制草图。选择该工具后，在画板中单击并拖动鼠标可绘制路径，如图 2.61 所示；如果拖动鼠标时按下 Alt 键，然后放开鼠标按键，再放开 Alt 键，路径的两个端点就会连接在一起，成为闭合式路径，如图 2.62 所示。

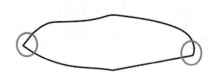

图 2.61　拖动鼠标绘制路径　　　　　　　图 2.62　闭合式路径

**2．用铅笔工具编辑路径**

双击【铅笔工具】，打开"铅笔工具选项"对话框，勾选"编辑所选路径"选项，此后便可使用铅笔工具修改路径。

改变路径形状：选择一条开放式路径，将铅笔工具放在路径上（光标中的小 X 消失时，表示可以继续绘制路径），如图 2.63 所示；单击并拖动鼠标可改变路径形状，如图 2.64 所示。

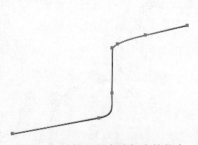
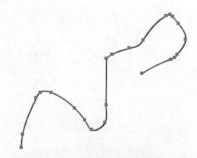

图 2.63　铅笔工具在路径上的状态　　　　　图 2.64　拖动鼠标可改变路径形状

延长与封闭路径：将光标放在路径的端点上，光标会变为笔状，单击并拖动鼠标，可延长该段路径，如图 2.65 所示；如果拖至路径的另一个端点上，则可封闭路径，如图 2.66 所示。

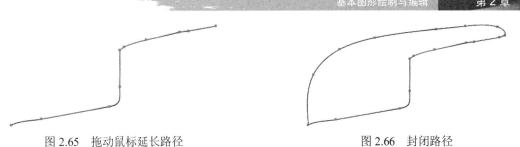

图 2.65　拖动鼠标延长路径　　　　　　　　　　　图 2.66　封闭路径

连接路径：选择两条开放式路径，使用铅笔工具单击一条路径上的端点，然后拖动鼠标至另一条路径的端点上，在拖动的过程中按住 Ctrl 键，放开鼠标和 Ctrl 键后，可将两条路径连接在一起。

使用铅笔、画笔、钢笔等绘图工具时，大部分工具的光标在画板中都有两种显示状态：一是显示为工具的形状，二是显示为 X 状。按下键盘中的 Caps Lock 键，可在这两种显示状态间切换。

### 2.3.3　平滑工具和路径橡皮擦工具

#### 1.　平滑工具

使用【平滑工具】可以对路径进行平滑处理，同时尽可能地保持路径的原有形状。在使用此工具之前首先要确认路径被选择，然后利用此工具在路径上需要平滑的位置拖曳鼠标指针，即可完成路径的平滑处理。

在工具箱中双击【平滑工具】图标或按 Enter 键，弹出"平滑工具选项"对话框。在该对话框中同样可以设置平滑线的保真度和平滑度，如图 2.67 所示（此图书上没有，按理解截图）。

图 2.67　"平滑工具选项"对话框

#### 2.　路径橡皮擦工具

利用【路径橡皮擦工具】可以将路径中多余的部分清除，在被选择的路径中按下鼠标左键沿路径拖曳鼠标指针，即可将多余的路径清除。

### 2.3.4　斑点画笔工具

使用【斑点画笔工具】 绘制的路径只有填充效果，而没有描边效果，并可以与带有同样填充效果但无描边效果的图稿进行合并。【斑点画笔工具】的使用方法与【铅笔工具】相同，都是通过拖曳鼠标沿鼠标轨迹创建出路径。【斑点画笔工具】以画笔头显示，通过画笔直径大小来控制所绘制路径的大小，在使用前可通过双击该工具图标，打开"斑点画笔工具选项"对话框，对画笔的大小、角度、圆度进行设置，画笔选项如图 2.68 所示。

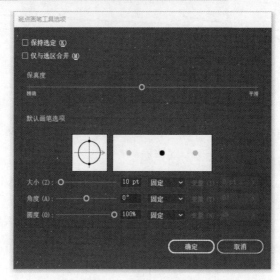

图 2.68　"斑点画笔工具选项"对话框

### 2.3.5　画笔工具

【画笔工具】是一种非常方便及实用的绘图工具，通过软件自带的各种类型的画笔，可为路径添加不同种类的描边，使用扩展外观命令后可将其转换为填充图形。在 Illustrator 中，使用不同的画笔类型，会产生截然不同的路径外观，得到丰富多变的图稿，而这只需要绘制几条路径即可轻松获得。在 Illustrator 中有【书法画笔】、【散点画笔】、【毛刷画笔】、【图案画笔】和【艺术画笔】等不同的画笔类型。

新建画笔的方法非常简单，在页面中利用绘图工具绘制出用于创建画笔的路径且被选择，在"画笔"面板下面单击"新建画笔"按钮，或单击右上角的位置，在下拉菜单中选择"新建画笔"命令，可弹出"新建画笔"对话框，设置相应选项后再单击按钮，即可弹出相对应的画笔选项对话框，在对话框中通过自定义形状和参数就可以得到新建的画笔。

新建画笔时，若要创建散点画笔或艺术画笔，首先要在页面中先选择用于定义新画笔的图形或路径，否则，"新建画笔"对话框中"新建散点画笔"和"新建艺术画笔"两个选项显示为灰色。若要创建图案画笔，可以使用简单的路径来定义，也可以使用"色板"面板中的"图案"来定义。

1.　书法画笔

【书法画笔】创建的描边类似于使用书法钢笔绘制的描边，以及沿路径中心绘制的描边。

在"画笔"面板中双击任意一个"书法效果"笔刷，弹出"书法画笔"对话框，在该对话框中可以给书法笔刷命名，设置笔刷角度、圆度以及直径大小等。

2.　散点画笔

【散点画笔】可将一个对象的许多副本沿着路径，按照预设的大小、间距、旋转角度以及分布规律等参数设定产生分布效果。

在"画笔"面板中双击任意一个"散点"笔刷，弹出"散点画笔"对话框。通过该对话框不但可以给散点笔刷命名、设置笔刷的大小，还可以设置笔刷的间距、分布、旋转角度和颜色等。

3. 毛刷画笔

【毛刷画笔】是使用毛刷创建的具有自然画笔外观的画笔描边。

4. 图案画笔

【图案画笔】由预设的图案来构建的描边外观，图案由沿路径重复排列的各个拼贴组成。图案画笔最多可以包括 5 种拼贴，即图案的边线、内角、外角、起点和终点。

在"画笔"面板中双击任意一个"图案"笔刷，弹出"图案画笔"对话框。通过该对话框可以给图案笔刷命名，在路径的端点处、拐角处及路径中设置不同的效果；笔刷的大小比例、翻转、适合方式以及颜色等都可通过不同的选项来设置；在对话框中单击"起点拼贴"按钮或"终点拼贴"按钮，再在其下的选项窗口中选择一种图案，可给路径起点或终点设置图案。

5. 艺术画笔

【艺术画笔】是沿路径长度均匀拉伸的画笔形状（如粗炭、毛笔和水墨等）或对象形状，可以绘制出在现实纸张上绘制的各种不同类型的水墨或水彩画效果。

在"画笔"面板中双击任意一个"线条"笔刷，系统将弹出"艺术画笔"对话框。通过该对话框可以设置艺术笔刷的名称、方向、大小以及翻转等。

6. 笔刷管理

在"画笔"面板中可以对画笔进行管理，包括画笔在"画笔"面板中的显示及画笔的复制和删除等。

（1）画笔的显示。在默认状态下，画笔将以缩略图的形式在面板中显示，单击"画笔"面板右上角的按钮，在弹出的下拉菜单中选择"列表视图"命令，画笔将以列表的形式在面板中显示。

（2）画笔的复制。在对某种画笔进行编辑前，最好将其复制，以确保在操作错误的情况下能够进行恢复。复制画笔的具体操作为：在"画笔"面板中选择需要复制的画笔，然后单击面板右上角的按钮，在弹出的下拉菜单中选择"复制画笔"命令，即可将当前所选择的画笔复制。另外，在需要复制的画笔上按下鼠标左键，并将其拖曳到底部的按钮上，释放鼠标左键后，也可在"画笔"面板中将拖曳的画笔复制。

（3）画笔的删除。当在"画笔"面板中创建了多个画笔后，可以将未使用的画笔删除。删除画笔的具体操作为：在"画笔"面板中选择需要删除的画笔，然后单击面板底部的"删除画笔"按钮，或单击右上角的按钮，在弹出的下拉菜单中选择"删除画笔"命令即可。

7. 画笔库

Illustrator 提供了多种画笔库，其中包含箭头、艺术效果、装饰、边框、默认画笔等。执行【窗口】→【画笔库】命令，在弹出式菜单中显示一系列的画笔库命令。分别选择各个命令，可以弹出一系列的"画笔"控制面板，如图 2.69 所示。

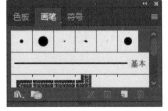

图 2.69　"画笔"控制面板

### 2.3.6　实战案例——制作梦幻螺旋效果

本案例要求设计制作梦幻螺旋效果。

操作步骤：

（1）先绘制一条螺旋线：黄色边线、填充为"无"。再绘制另一条螺旋

扫码看视频

线：红色边线、填充为"无"，设置边线粗细为1pt，如图2.70所示。

（2）按照下图设置混合数值。

菜单：对象/混合/混合选项，快捷键：（Alt+O）+B+O，如图2.71所示。

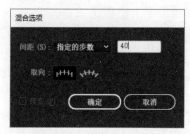

图2.70　绘制螺旋线

图2.71　设置混合数值

（3）施加混合命令。

菜单：对象/混合/混合制作，快捷键：Ctrl+Alt+B，如图2.72所示。

（4）使用编组选择工具单选红色螺旋线，使用旋转工具旋转到合适的角度，再使用直接选择工具选择单独锚点调整位置，如图2.73所示。

图2.72　施加混合命令

图2.73　选择单独锚点调整位置

（5）按照以上步骤再制作一个不同颜色的，把角度改变一下参差地放在一起。这种变换的螺旋效果就出来了，如图2.74所示。

图2.74　螺旋效果

# 2.4　对象的编辑

在运用 Illustrator 各种绘图工具绘制矢量图形之后，我们必须掌握各种对象的选择方式、变换技巧、图形的修改与变形以及针对路径的各种高级编辑技巧。通过掌握这些图形编辑技巧，我们可以绘制出较为复杂的矢量图形，为后面的设计应用积累绘图经验。

## 2.4.1　对象的选择

如果要对对象进行编辑处理，必须首先选择对象，在前面所做的案例中，选择工具时时都在发挥着作用，掌握了图形选择的方法才能进行下一步的设计流程。

在 Illustrator 中，除了针对特别对象的选择工具，如【文字工具】T、【切片选择工具】、【实时上色选择工具】 等，绝大多数对象都需要通过【选择工具组】进行选择。

### 1．普通选择

利用【选择工具】可选择单个或多个对象组合。单击工具箱中的【选择工具】图标，移动鼠标指针到要选择的对象上单击，也可以拖动鼠标，框选对象的一部分或全部。对象上出现锚点，表示该对象已被选中。

选中对象后图形周围会出现由 8 个控制点组成的定界框，如图 2.75 所示。将鼠标置于定界框控制点上时，光标变成双箭头，便可以拖动这些控制点来改变对象的形状、放大或缩小。如果出现弧形箭头，便可以旋转对象。按住 Ctrl 键可切换到【直接选择工具】。

### 2．直接选择

【直接选择工具】主要用来选择路径或锚点，可以单击选择单个的路径或锚点，也可以使用拖动鼠标的方式拉出选框，选择多个路径和锚点（注意，如果用直接选择工具在路径或锚点上拖动，会移动和改变路径形状），还可以配合使用 Shift 键添加选择或取消选择某些路径或锚点。

选择整体对象：执行【直接选择工具】，移动鼠标指针到要选择的对象内部单击，被单击的对象路径上出现锚点，对象被选中，如图 2.76 所示。

选择路径：执行【直接选择工具】，移动鼠标指针到对象的路径上单击，对象的该段路径被选中，且两锚点旁出现调节手柄，如图 2.77 所示。此时即可对该段路径进行调整。

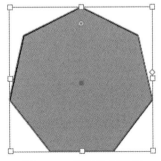

图 2.75　图形的定界框

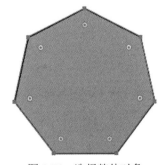

图 2.76　选择整体对象

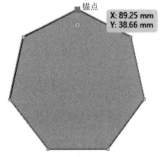

图 2.77　选择路径

选择锚点：执行【直接选择工具】，单击路径上某一锚点，锚点即被选中，如图 2.78 所示。

此时即可对该锚点进行移动以及曲度的调整。

选择群组中的对象：选择【编组选择工具】 ，移动鼠标指针到对象上单击，如图 2.79 所示，选中的即是单一对象，而不是群组的对象。

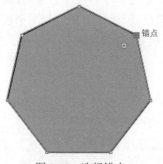

图 2.78 选择锚点

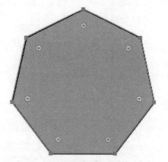

图 2.79 选择群组中的对象

### 3．魔棒工具选择

【魔棒工具】 选择的是属性相似的对象。如相同的填充颜色、笔触颜色或描边颜色及粗细、不透明度或混合模式的对象等。

双击【魔棒工具】，弹出"魔棒"工具设置对话框，如图 2.80 所示。单击"双三角图标"，可以增加或减少"魔棒"面板的显示内容。在其中可设定【魔棒工具】选择的属性，并设置容差大小。注意：容差值越低，所选的对象与单击的对象就越相似，选择范围越小；容差值越高，所选的对象具有的属性范围就越广；选择范围也就越大。单击工具箱中的【魔棒工具】，移动鼠标指针到要选择的一类对象上，单击一个对象，则可同时选中类似属性的对象。利用【魔棒工具】单击圆环位置，在整个画面中，与之具有相同属性的对象一起被选中。

### 4．套索工具选择

【套索工具】 主要用来创建不规则的选区。单击工具箱中的【套索工具】，按住左键并拖动鼠标，在对象上绘制一个封闭的区域，区域内的锚点将会被全部选中，如图 2.81 所示。在使用套索工具选择的过程中，如果要添加选择，可按住 Shift 键（此时套索指针下方出现一个加号）并拖动鼠标进行加选；如果要取消当前所选部分路径或锚点，可按住 Alt 键（此时套索指针下方出现一个减号）并拖动鼠标进行减选。

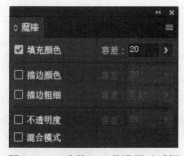

图 2.80 "魔棒"工具设置对话框

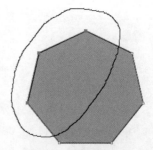

图 2.81 套索工具选择

### 5．加选与减选

选择对象有时很难一步到位，需要加选对象才能完成对象的选择操作。其操作方法：单击工具箱中任何一种选择工具，以【选择工具】为例，单击花瓣中的一朵，花瓣被选中，如图 2.82 所示。按住 Shift 键单击其他花瓣，被单击的花瓣相继被选中，如图 2.83 所示。在已选中的对象上再次按 Shift 键可取消选择，这就是减选。

图 2.82　花瓣的选择

图 2.83　花瓣的批量选择

6. 其他选择方式

除了以上常规选择方式，还可以使用隔离模式隔离选定图稿、使用"图层"面板精确选择以及使用 Ctrl 键配合选择工具选择图层下方对象，具体操作方法如下：

（1）隔离模式。

【隔离模式】可以将选中的对象与文档中的其他所有图稿隔离开来，以便轻松选择和编辑特定对象或对象的某些部分。在隔离模式下，隔离的对象以全彩色显示，没有被隔离的对象都会变暗，并且不可对其进行选择或编辑。隔离模式可使其他所有对象都被自动锁定，因此用户所做的编辑只会影响处于隔离模式的对象，这样也就不用关注对象位于哪个图层，同时也不需要手动锁定或隐藏不需要编辑的对象。

【隔离模式】可以隔离下列任何对象：图层、子图层、组、符号、剪切蒙版、复合路径、渐变网格和路径。

【隔离模式】的建立方法：如果要对当前已选择对象进行隔离，可使用【选择工具】双击选定的内容，从而快速进入隔离模式，如图 2.84 所示。如果要隔离组内的路径，可使用【直接选择工具】选中部分路径，然后单击右键选择"隔离选定的组"，就可进入隔离模式，如图 2.85 和图 2.86 所示。

图 2.84　隔离模式

图 2.85　选择"隔离选定的组"

图 2.86　进入隔离模式

退出隔离模式的方法有以下几种：①按下 Esc 键；②双击隔离对象外部区域；③从右键菜

单中选择"退出隔离模式"命令；④单击控制栏中的"退出隔离模式"按钮，单击隔离模式栏空白区域。

（2）使用"图层"面板选择对象。

可使用"图层"面板选择对象，在面板中定位要选择的对象，可以是整个图层，也可通过图层方便管理某些特定的对象或对象组，如图 2.87 所示。因此，在绘制较复杂的图形时利用"图层"面板能方便我们进行选择。

图 2.87　"图层"面板

（3）选择被遮挡的图形。

如果图层上下有多层堆叠关系，除了使用"图层"面板进行选择外，也可以使用【选择】菜单中的相关命令进行指定选择。

按住 Ctrl 键，使用【选择工具】单击对象，第一次单击选中的是当前选中的对象，鼠标指针旁边出现"<"标志，接下来再次单击对象（不要松开 Ctrl 键），则选中被遮挡的下一层对象，持续单击，就会按照顺序循环选择指针位置的后方对象。

### 2.4.2　对象的比例缩放、移动和镜像

在平面设计制作过程中，我们对于编制的矢量图形需要经常进行缩放、移动、镜像，下面将详细讲解如何对这些命令进行精确的设置。

1. 缩放对象

缩放操作会使对象沿"水平方向"（X 轴）和"垂直方向"（Y 轴）放大或缩小，通常缩放形式有"等比缩放"和"不等比缩放"两种。

使用【选择工具】选择对象，如图 2.88 所示，将光标放在定界框边角的控制点上，当光标改变形状时，单击并拖动鼠标可以拉伸对象；按住 Shift 键操作可进行等比缩放，如图 2.89 所示。

图 2.88　选择对象

图 2.89　对象的等比缩放

使用【比例缩放工具】操作选择对象后，使用【比例缩放工具】在窗口中单击并拖动鼠标即可拉伸对象，按住 Shift 键操作可进行等比缩放。如果要精确定义缩放比例，可双击该工具，打开"比例缩放"对话框设置参数，如图 2.90 所示。如果要自定参考点进行缩放，在"比例缩放工具"状态下，按下 Alt 键并单击任意目标参考点位置，打开"比例缩放"对话框，输入等比值，即可达到精确缩放效果。也可在不等比中输入不同比例数值，可达到压扁或拉长效果。

图 2.90　"比例缩放"对话框

　　缩放对象时，按住 Shift 键可以约束对象按等比例缩放。如果要相对于中心点进行缩放，在缩放对象时，可以按住 Alt 键。在缩放对象时，Shift 键与 Alt 键配合使用，可从中心点等比例缩放对象。

　　2. 移动对象

　　使用【选择工具】选择一个或多个对象，按住鼠标进行拖动，可将对象拖动到新位置。按住 Shift 键可沿水平、垂直或对角线方向移动。如要精确定义移动距离，可在选择对象后，双击【选择工具】，在打开的"移动"对话框中设置参数，如图 2.91 和图 2.92 所示。

图 2.91　"移动"对话框

图 2.92　移动的对象

　　选择一个或多个对象时，可根据对象移动方向按下相应的方向键来进行移动。方向键每按一次所对应的对象移动距离为 1 点，我们可以在"首选项"（快捷键 Ctrl+K）对话框中对数值进行更改。如果要加速移动，在使用键盘方向键进行移动时同时按住 Shift 键，可使对象按"首选项"设定值的 10 倍移动。

3. 镜像对象

【镜像工具】 ，即以指定的对称轴来翻转对象，通过水平镜像或垂直镜像使两边的对象形成对称效果。

使用【镜像工具】可以通过鼠标的两次操作确定一条轴线，使对象沿该轴线进行翻转。先选中对象，如图 2.93 所示。然后选择【镜像工具】，在假想轴的一个点上单击，来确定对称轴的起点，此时指针形状变为实心箭头。再将指针定位到轴上的另一点，以确定对称轴的终点，如图 2.94 所示。按住 Alt 键并单击，所选对象会以定义的对称轴进行翻转并复制，如图 2.95 所示。如按下 Shift 键，可使轴线成垂直状态，如果同时按下 Alt 键，即按下 Shift+Alt 组合键，可使对象按照垂直轴镜像翻转，并复制一个副本。

图 2.93　选中对象

锚点

图 2.94　确定对称轴的起点与终点

图 2.95　进行翻转并复制

### 2.4.3　对象的旋转和倾斜变形

在平面设计制作过程中，我们对于编制的矢量图形需要经常进行旋转、倾斜。下面将详细讲解如何对这些命令进行精确的设置。

1. 旋转对象

旋转操作可使对象围绕指定的参考点旋转，要旋转对象可以使用多种方式来实现，包括使用【选择工具】 、【旋转工具】 、【自由变换工具】 等。

使用【选择工具】选择对象，将光标放在定界框的外缘，拖动鼠标即可旋转对象，如图 2.96 所示。

若使用【旋转工具】操作，则在选择对象后，使用【旋转工具】在窗口中单击并拖动鼠标即可旋转对象。如果要精确定义旋转角度，可双击该工具，打开"旋转"对话框进行设置，如图 2.97 所示。进行旋转操作后，对象的定界框也会发生旋转。如果要复位定界框，可执行【对象】→【变换】→【重置定界框】命令，如图 2.98 所示为执行【重置定界框】命令前后对比。

图 2.96　旋转对象

图 2.97　"旋转"对话框

图 2.98　执行【重置定界框】命令前后对比

　　默认情况下，旋转对象的参考点是对象的中心点。使用【旋转工具】可以改变对象的旋转中心点。如果要自定义旋转中心点，可以使用【旋转工具】在文档窗口中的任意位置单击，重新定位参考点，然后拖动鼠标指针使得对象围绕新参考点进行旋转。如果要自定参考点进行旋转，在【旋转工具】状态下，按下 Alt 键并单击任意目标参考点位置，打开"旋转"对话框，输入指定角度，即可旋转。

　　如果要制作圆形图案，我们可以通过旋转的方式，围绕一个参考点复制出多个相同图形，可进行如下操作：

　　通过【选择工具】选中对象，然后按 R 键切换到【旋转工具】，按住 Alt 键，单击目标位置，设定旋转中心点，如图 2.99 所示；然后按快捷键 Ctrl+D（再次变换），进行多次变换，最终得到如图 2.100 所示的效果。

　　2. 倾斜对象

　　选择对象，如图 2.101 所示，使用【倾斜工具】在窗口中单击，向左、右拖动鼠标（按住 Shift 键可保持其原始高度）可沿水平轴倾斜对象，如图 2.102 所示；上、下拖动鼠标（按住 Shift 键可保持其原始宽度）可沿垂直轴倾斜对象，如图 2.103 所示；按住 Alt 键操作可以复制对象，如果要精确定义倾斜方向和角度，可以双击【倾斜工具】，打开"倾斜"对话框设置参数，如图 2.104 所示。

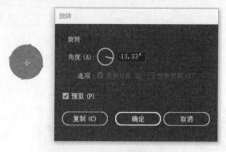

图 2.99 设定旋转中心点

图 2.100 复制多个相同图形

图 2.101 选择对象

图 2.102 沿水平轴倾斜对象

图 2.103 沿垂直轴倾斜对象

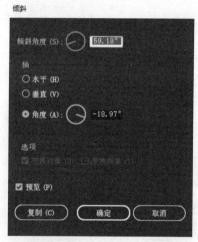

图 2.104 "倾斜"对话框

### 2.4.4 对象的复制和删除

**1. 对象的复制**

在 Illustrator 中可以通过对象的复制使图形变得丰富多彩。复制对象的具体操作如下：

（1）打开 Illustrator，单击【选择工具】图标，选择需要复制的对象，如图 2.105 所示。按 Enter 键，此时弹出"移动"对话框，在对话框中设置相应的参数，选中"预览"复选框以查看复制后的效果，设置完成后单击"复制"按钮，参数设置如图 2.106 所示。

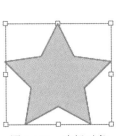

图 2.105　选择对象

图 2.106　"移动"对话框

（2）按快捷键 Ctrl+D（再次变换命令），可以复制效果，如图 2.107 所示。单击【选择工具】图标，选中星星图形，如图 2.108 所示。按快捷键 Ctrl+G（编组命令），再按住 Shift+A 组合键不放，拖动鼠标到合适的位置后，按快捷键 Ctrl+D 得到的效果如图 2.109 所示。

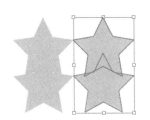

图 2.107　复制效果

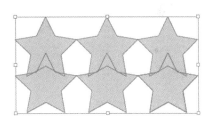

图 2.108　选中星星图形

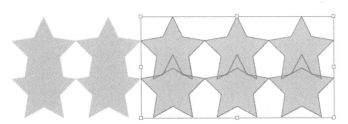

图 2.109　复制的效果

（3）使用某些对象编辑的工具选项对话框可以创建、复制对象。双击某些对象的编辑工具，如【旋转工具】、【比例缩放工具】、【选择工具】、【直接选择工具】和【编组选择工具】等，都可以打开相应对话框，使用这些对话框均可以创建复制对象，如图 2.110 所示。

2. 对象的删除

选中要删除的对象，选择【编辑】→【清除】命令（快捷键为 Delete），就可以将选中的对象删除。如果想删除多个或全部的对象，首先要选取这些对象，再执行【清除】命令。

图 2.110　对话框创建复制对象

### 2.4.5 对象的剪切、撤销和恢复

选中要剪切的对象，选择【编辑】→【剪切】命令（组合键为 Ctrl+X），对象将从页面中删除并被放置在剪贴板中。

选择【编辑】→【还原】命令（组合键为 Ctrl+Z），可以还原上一次的操作。连续按组合键，可以连续还原原来操作的命令。

选择【编辑】→【重做】命令（组合键为 Shift+Ctrl+Z），可以恢复上一次的操作。如果连续按两次组合键，即恢复两步操作。

### 2.4.6 实战案例——飘雪中的女孩

扫码看视频

本案例要求设计制作飘雪中的女孩。

要点：钢笔工具，画笔工具，多边形工具。

操作步骤：

（1）选用【矩形工具】，画一个适当大小的矩形，填色 RGB(236,236,241)。这一部分将作为背景的底面。

（2）选择【钢笔工具】，绘制三个不同颜色的不规则形状作为背景，如图 2.111 所示。

（3）利用【散点画笔工具】制作雪花。首先使用【椭圆工具】绘制一个白色正圆，然后单击"画板"面板中的"新建画笔"按钮，选择"散点画笔"选项，设置"大小"变化范围为15%～100%，"分布"的变化范围为 1000%～150%，完成"散点画笔"的创建。最后，就可以使用【画笔工具】绘制了。效果如图 2.112 所示。

图 2.111　绘制三个不规则形状

图 2.112　绘制雪花

（4）将素材女孩导入并放置在合适的位置，如图 2.113 所示。

图 2.113　导入素材

（5）使用【多边形工具】绘制一棵万年青，调整大小并放置在合适的位置，如图 2.114 所示。

（6）竖排文本工具，输入文字，效果如图 2.115 所示。

图 2.114　绘制万年青

图 2.115　添加文字

# 本章小结

（1）绘制线段和网格。

（2）绘制基本图形的 6 种工具：矩形工具、圆角矩形工具、椭圆形和圆形工具、多边形工具、星形工具、光晕工具。

（3）手绘图形：认识锚点和路径，会使用铅笔工具绘制路径；掌握使用平滑工具和路径橡皮擦工具、斑点画笔工具、画笔工具的方法。

（4）对象的编辑：对象的选择有 7 种方法，普通选择、直接选择、魔棒工具选择、套索工具选择、加选与减选、还可以使用隔离模式隔离选定图稿、使用"图层"面板精确选择，以及使用 Ctrl 键配合选择工具选择图层下方对象。使用工具完成对象的比例缩放、移动和镜像、对象的旋转和倾斜变形、对象的复制和删除、对象的剪切、撤销和恢复。

# 课后习题

## 一、判断题

1．在 Illustrator 中，路径是由一个或多个直线或曲线组成的线条，线条的起始点和结束点由锚记标记。　　　　　　　　　　　　　　　　　　　　　　　　　（　　）

2．在 Illustrator 中，平滑工具可以减少已绘制好的图形路径上的结点，使图形路径变得更平滑。　　　　　　　　　　　　　　　　　　　　　　　　　　　　　（　　）

3．在 Illustrator 中，使用转换锚点工具可将"平滑点"转换为具有独立方向线的"角点"，可单独控制一侧的方向线。　　　　　　　　　　　　　　　　　　　　（　　）

4. 在 Illustrator 中，执行"编辑→贴在前面"命令（或按 Ctrl+F 组合键），则可将对象粘贴在所选对象的下方。 （    ）

5. 在 Illustrator 中，使用剪刀工具只可在锚点处分割路径。 （    ）

## 二、选择题

1. 下列关于路径的说法中错误的是（    ）。
   A. 路径是由一个或多个直线或曲线组成的线条
   B. 路径可分为开放路径/闭合路径/复合路径
   C. 路径可以通过"描边"面板设置多个参数
   D. 路径就是一条射线

2. 关于直接选择工具的描述，下列选项正确的是（    ）。
   A. 直接选择工具是用来选择和编辑路径上的锚点的
   B. 快捷键为 A 键
   C. 可以选择多个锚点
   D. 只能选择单个锚点

3. 下列关于全选当前所有对象的说法中，正确的是（    ）。
   A. 同时按住 Shift+Tab 组合键并单击全部对象
   B. 执行"选择→全部"命令
   C. 按住 Ctrl 键，然后选择所有对象
   D. 按 Ctrl+A 组合键

4. 下列关于调整对象顺序的说法中，正确的是（    ）。
   A. 按 Ctrl+组合键，可以将所选对象移至最上方
   B. 按 Ctrl+Shift+[ 组合键，可以将所选对象移至最下方
   C. 按 Ctrl+] 组合键，可将已选中的对象在叠放顺序中上移一层
   D. 按 Ctrl+[ 组合键，可将已选中的对象在叠放顺序中上移一层

5. 下列快捷键选项中，用于锁定对象的是（    ）。
   A. Ctrl+;                      B. Ctrl+2
   C. Ctrl+L                     D. Ctrl+Alt+L

# 第 3 章　路径的绘制与编辑

Illustrator CC 中路径是绘制图形的基础，通过本章的学习，要求学生掌握各种路径的绘制和编辑方法，并通过实例巩固路径的应用。

- 路径和锚点的相关理论
- 钢笔工具的使用
- 路径编辑的方法和技巧

## 3.1　路径和锚点

通过绘图工具绘制的直线、曲线和几何形状我们称之为路径。路径是组成图形和所有线条的基本元素。Illustrator CC 中绘制路径的工具包括钢笔工具、画笔工具、铅笔工具、矩形工具和多边形工具等。路径是由锚点连接起来的一条或多条线段（直线或曲线）组成。通过"图层样式"面板可以对绘制的路径进行描边和填充。

### 3.1.1　认识路径

1. 路径的类型

Illustrator CC 中，路径包括开放路径、闭合路径和复合路径三种类型。

开放路径：起点和终点不重合的路径。例如，直线，曲线等，如图 3.1 所示。

闭合路径：起点和终点重合的路径，可以对其进行填充和描边，如图 3.2 所示。

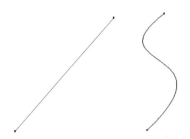

图 3.1　开放路径

图 3.2　闭合路径

复合路径：将多个开放路径或闭合路径进行组合而成的路径，如图 3.3 所示。

### 2. 路径的组成

路径是由锚点和线段组成，在曲线路径的各个锚点上都有一条控制线，通过调整控制线的角度和长度能够改变路径的形状。其中，控制线的端点称为控制点，如图 3.4 所示。

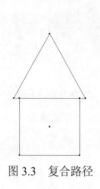

图 3.3　复合路径

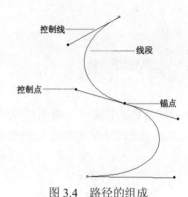

图 3.4　路径的组成

### 3.1.2　认识锚点

#### 1. 锚点

锚点是构成直线或曲线的基本元素。在任意线段上都可以添加新锚点或者删除锚点。通过调整锚点可以将曲线和直线之间进行转换，并可以改变形状。

#### 2. 锚点的类型

在 Illustrator CC 中，锚点分为平滑点和角点两种。

平滑点是连接两条平滑曲线的锚点，如图 3.5 所示。通过调整平滑点两端的控制线可以改变曲线的弧度。

角点分为直线角点、曲线角点和复合角点三种。直线角点是连接两条直线段的点，形成明显的角度。直线角点没有控制线，如图 3.6 所示。曲线角点是两条方向不同的曲线相交的点，如图 3.7 所示。复合角点是一条直线和一条曲线的角点，只有一条控制线，如图 3.8 所示。

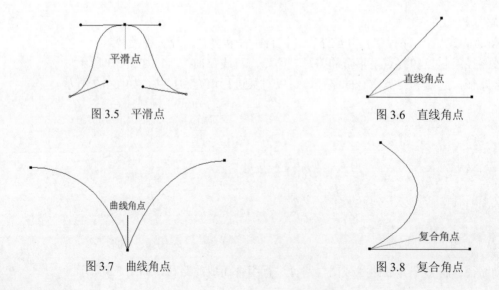

图 3.5　平滑点

图 3.6　直线角点

图 3.7　曲线角点

图 3.8　复合角点

# 3.2　钢笔工具

钢笔工具是 Illustrator CC 中非常重要的工具之一，通过钢笔工具可以绘制直线、曲线以及任意形状。

### 3.2.1　绘制直线

在工具箱中选择【钢笔工具】 ，在页面中单击鼠标，页面中出现的第一个锚点即路径的起点，然后移动鼠标至需要的位置，再次单击鼠标，出现第二个锚点即路径的终点，如图 3.9 所示。在页面中，利用钢笔工具接连在页面中单击，可以绘制连续的直线，如图 3.10 所示。

图 3.9　绘制直线路径　　　　　　　　　　　　图 3.10　绘制折线路径

将钢笔工具移动到路径中间的任意一个锚点上鼠标变成 形状，如图 3.11 所示。单击后，该锚点被删除，折线的另外两个锚点将自动连接，如图 3.12 所示。

图 3.11　删除锚点图标　　　　　　　　　　　　图 3.12　删除锚点后

### 3.2.2　绘制曲线

在工具箱中选择【钢笔工具】 ，在页面中单击鼠标并拖曳生成曲线的端点以及控制线；在页面中适当位置再次单击并拖曳，生成一条曲线路径，按住鼠标左键进行拖曳，可以控制曲线的弧度，如图 3.13 所示。如果连续单击并拖曳鼠标，可以绘制一条平滑曲线，如图 3.14 所示。

图 3.13　曲线路径　　　　　　　　　　　　　　图 3.14　平滑曲线

### 3.2.3　绘制复合路径

复合路径是由两个或两个以上的开放或闭合路径所组成的路径。在复合路径中，路径间重合的部分呈透明的状态，如图 3.15 所示。

1. 绘制复合路径

（1）弹出式菜单方式。绘制两个图形，利用选择工具选择两个图形的路径，然后单击鼠标右键，在弹出的菜单中选择"建立复合

图 3.15　复合路径

路径"命令,两个对象成为复合路径,如图 3.16 所示。

(2)复合路径命令。用上面同样的方法选中图形对象,选择【对象】→【复合路径】→【建立】命令,可以得到复合路径。复合路径的快捷键为 Ctrl+8。

2. 释放复合路径

(1)弹出式菜单方式。选中复合路径,单击鼠标右键,在弹出的菜单中选择"释放复合路径"命令即可,如图 3.17 所示。

图 3.16　弹出式菜单方式建立复合路径　　　　图 3.17　弹出式菜单方式释放复合路径

(2)命令方式。选择【对象】→【复合路径】→【释放】命令,也可通过组合键 Alt+Shift+Ctrl+8 释放复合路径。

3. 复合路径与编组

使用【编组选择工具】也可将多个图形对象组合在一起,但是每个图形对象都是独立的,可以独立地进行填充和描边等操作。而复合路径是一条路径,只能进行一种描边和填充,如图 3.18 所示。

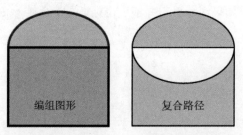

图 3.18　编组与复合路径的区别

### 3.2.4　实战案例——绘制香港区徽

1. 任务说明

利用钢笔工具和椭圆工具等绘制香港区徽,效果如图 3.19 所示。

2. 任务分析

通过本任务的学习,掌握钢笔工具绘制直线、曲线以及复合路径的使用方法。

图 3.19　香港区徽效果

3. 操作步骤

（1）新建一个通用画布 1366px*768px，或者直接使用快捷键 Ctrl+N 新建一个画布。

（2）选择工具栏中的【椭圆工具】⬭，将填充设置为"无"，描边设置为红色"#FF0000" ◳，按住 Shift+Alt 键，同时鼠标单击拖动由中心点向外画出一个 600px*600px 的正圆。

（3）选择【窗口】→【描边】命令，打开"描边"控制面板，设置描边粗细为 5pt，"对齐描边"选项选择"使描边内侧对齐"◳按钮，对话框如图 3.20 所示，绘制正圆效果如图 3.21 所示。

图 3.20　"描边"控制面板

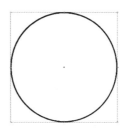

图 3.21　绘制正圆

（4）选择工具栏中的【比例缩放工具】⬚，双击【比例缩放工具】，弹出"比例缩放"对话框，将"等比"选项设置为 83%，如图 3.22 所示。单击"复制"按钮，效果图如图 3.23 所示。

图 3.22　"比例缩放"对话框

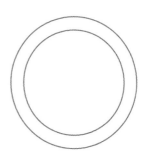

图 3.23　复制出正圆

（5）选择工具栏中的【路径文字工具】，在缩小的路径上单击一下，然后输入文字"中华人民共和国香港特别行政区"。输入文字后，选择工具栏中的【选择工具】。选中这些文字，选择【窗口】→【文字】→【字符】命令，弹出"字符"控制面板，选择"宋体"，调整字号为 50pt，如图 3.24 所示。双击【路径文字工具】，弹出"路径文字选项"面板，间距设为-142pt，如图 3.25 所示。文字效果如图 3.26 所示。

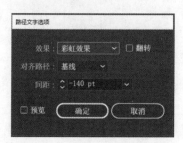

图 3.24　"字符"面板　　　　图 3.25　"路径文字选项"面板　　　　图 3.26　路径文字效果图

（6）选择工具栏中的【选择工具】，选中路径文字，设置填充颜色为红色"#FF0000"。选择工具栏中的【直接选择工具】，拖曳中间控柄可移动文字到合适的位置，效果如图 3.27 所示。

（7）选择工具栏中的【选择工具】，选中外面的大圆，再双击【比例缩放工具】，"等比"设置为 80%，单击"复制"按钮。在复制后的圆形路径中设置填充颜色为"红色"，并取消描边，亦可通过【互换填色与描边】图标互换，效果如图 3.28 所示。

（8）选择工具栏中的【钢笔工具】，单击【互换填色与描边】图标将填充与描边互换，用钢笔工具鼠标左键拖曳绘制出一段曲线后，松开鼠标左键，可按住 Alt 键并控制手柄调整曲线弧度绘制花瓣，效果如图 3.29 所示。

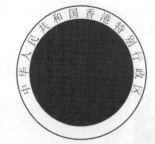

图 3.27　移动文字到合定位置　　　　图 3.28　绘制正圆　　　　图 3.29　绘制花瓣

（9）将花瓣的填充颜色设置为"白色"，描边颜色为"红色"。选择工具栏中的【钢笔工具】，绘制中间的那条曲线，描边粗细设为 3pt，效果如图 3.30 所示。

（10）选择工具栏中的【星形工具】，按住 Shift+Alt 键不放，鼠标单击拖动画出一个五角星。松开鼠标左键之前，角的数量控制可以按键盘上的向上/向下方向键，向上增加角数向下减少角数。画好后，将该五角星填充颜色设置为"红色"。选择工具栏中的【旋转工具】，双击该工具，弹出"旋转"对话框，在该对话框中将五角星旋转角度设置为-45°，对话框及效果如图 3.31 所示。

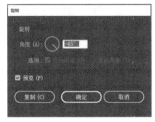

图 3.30　绘制曲线　　　　　图 3.31　"旋转"对话框设置及花瓣绘制效果

（11）利用工具栏中的【选择工具】 ，选中整个花瓣，再选择工具栏中的【旋转工具】 ，将旋转中心拖曳到花瓣下角。按住 Alt 键不放，鼠标左键单击旋转中心。在弹出的"旋转"对话框中设置角度为 72°，对话框设置参数如图 3.32 所示。单击"复制"按钮，效果如图 3.33 所示。

（12）重复相同的变换，直接按快捷键 Ctrl+D，变换 3 次，效果如图 3.34 所示。

图 3.32　"旋转"对话框　　　图 3.33　旋转效果图　　　图 3.34　重复变换复制图形

（13）选择工具栏中的【椭圆工具】 ，无填充无描边，绘制如图 3.35 所示的椭圆路径。选择工具栏中的【路径文字工具】 ，在新建的椭圆上单击一下，然后输入文字 HONGKONG。输入文字后，选择工具栏中的【选择工具】 。选中这些文字，选择【窗口】→【文字】→【字符】命令，弹出"字符"控制面板，选择"宋体"，调整字号为 60pt，如图 3.36 所示。双击【路径文字工具】 ，弹出"路径文字选项"对话框，间距设为 170pt，如图 3.37 所示。绘制新的路径文字，效果如图 3.38 所示。

图 3.35　绘制椭圆路径　　　　　　　　图 3.36　"字符"面板

图 3.37　"路径文字选项"对话框　　　　图 3.38　路径文字效果图

（14）选择工具栏中的【星形工具】☆，按住 Shift 键不放可以绘制一个正五角星，绘制好后填充红色，再选择【移动工具】，将绘制的五角星移到合适的位置。双击工具栏中的【旋转工具】，弹出"旋转"对话框，将五角星旋转-45°，如图 3.39 所示。按住 Alt 键，单击拖动复制出一个相同的五角星，双击【镜像工具】，弹出"镜像"对话框，如图 3.40 所示，在该对话框中选择"垂直"，效果如图 3.41 所示。

图 3.39 "旋转"对话框

图 3.40 "镜像"对话框

图 3.41 绘制五角星

（15）使用【选择工具】，框选所有形状，单击鼠标右键，在弹出的菜单中选择"编组"命令进行编组，如图 3.42 所示。香港区徽最终效果如图 3.43 所示。

图 3.42 "编组"命令

图 3.43 香港区徽

## 3.3 编辑路径

### 3.3.1 增加锚点

在 Illustrator CC 的工具箱中选择【钢笔工具】，展开钢笔工具组，如图 3.44 所示。绘制一条路径，如图 3.45 所示。选择钢笔工具组中【添加锚点工具】，在路径上面任意位置单击，即可添加一个新锚点，如图 3.46 所示。

图 3.44 钢笔工具组

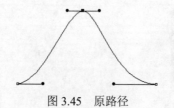

图 3.45 原路径

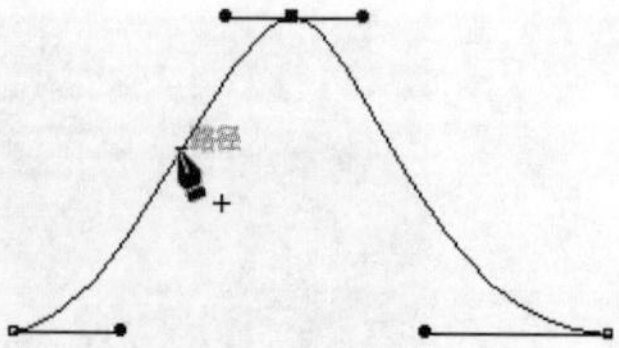

图 3.46 添加锚点

### 3.3.2 删除锚点

选择【删除锚点工具】 ，在已绘制路径的锚点上单击，则删除已存在的锚点，如图 3.47 所示。

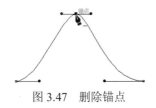

图 3.47 删除锚点

### 3.3.3 转换锚点

在钢笔工具组中选择【转换锚点工具】 ，在已绘制曲线路径的平滑点上单击，如图 3.48 所示，则平滑点变成角点，如图 3.49 所示。在角点锚点处，按住鼠标左键拖曳，可以将角点转换为平滑点，如图 3.50 所示。

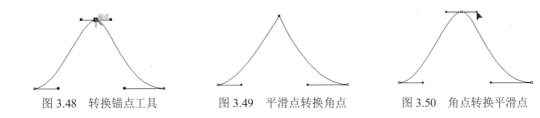

图 3.48 转换锚点工具　　　　图 3.49 平滑点转换角点　　　　图 3.50 角点转换平滑点

## 3.4 路径编辑命令

在 Illustrator CC 中，除了能够用工具箱中的各种编辑工具对路径进行编辑外，还可以通过对象菜单中路径的相关命令进行编辑。

### 3.4.1 连接锚点命令

【连接锚点】命令可以将开放路径的两个端点用一条直线段连接起来，从而形成新的路径。如果连接的两个端点在同一条路径上，将形成一条新的闭合路径；如果连接的两个端点在不同的开放路径上，将形成一条新的开放路径。

在工具箱中选择【直接选择工具】 ，用圈选的方式选择要进行连接的两个端点，如图 3.51 所示，然后选择【对象】→【路径】→【连接】命令，则两个端点之间出现一条直线段，开放路径变成闭合路径，如图 3.52 所示。

图 3.51 开放路径　　　　　　　　　　图 3.52 新的闭合路径

绘制两条开放路径，并通过【直接选择工具】选择开放路径的两个端点，如图 3.53 所示。选择【对象】→【路径】→【连接】命令，形成一个新的开放路径，如图 3.54 所示。

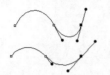

图 3.53　两条开放路径　　　　　　　　　　　　　　图 3.54　新的开放路径

### 3.4.2　平均分布锚点命令

【平均分布锚点】命令可以将路径上的所有选定的锚点按照一定的方式平均分布。

在页面上绘制两个正方形路径，如图 3.55 所示。使用【直接选择工具】选择两个正方形路径上的相关锚点，选择【对象】→【路径】→【平均】命令，如图 3.56 所示，在弹出的对话框中，选择"水平"选项，则选中的锚点将在水平方向对齐，如图 3.57 所示。

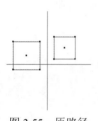

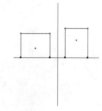

图 3.55　原路径　　　　　　　　图 3.56　"平均"对话框　　　　　　图 3.57　水平对齐效果

选择两个正方形路径的垂直的四个锚点，如图 3.58 所示。然后选择"平均/垂直"选项，则选中的锚点将在垂直方向对齐，效果如图 3.59 所示。选择"两者兼有"选项，效果如图 3.60 所示。

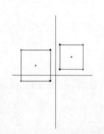

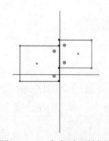

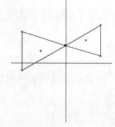

图 3.58　选择垂直路径锚点　　　　图 3.59　垂直选项效果　　　　图 3.60　两者兼有选项效果

### 3.4.3　轮廓化描边命令

【轮廓化描边】命令可以在已有描边的路径两侧创建新的路径，并可通过描边或渐变命令对新路径进行描边。选择【椭圆工具】 ，在页面绘制一个椭圆路径，如图 3.61 所示。选择【对象】→【路径】→【轮廓化描边】命令，应用渐变命令对轮廓进行描边，如图 3.62 所示。

图 3.61　椭圆路径

图 3.62　轮廓化描边效果

### 3.4.4　偏移路径命令

【偏移路径】命令可以围绕着已有路径的外部或内部勾画一条新的路径，新路径与原路径之间偏移的距离自行设置。

在绘图页绘制一个正方形并对其描边，如图 3.63 所示。选择【对象】→【路径】→【偏移路径】命令，弹出"偏移路径"对话框，如图 3.64 所示。

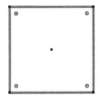

图 3.63　原图

图 3.64　"偏移路径"对话框

其中，"位移"参数，即偏移的距离，设置的数值为正数，新路径在原始路径的外部，偏移效果如图 3.65 所示；设置的数值为负数，新路径在原始路径的内部，偏移效果如图 3.66 所示。

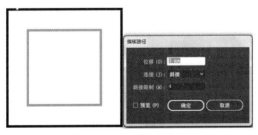

图 3.65　向外扩展

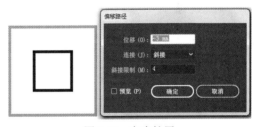

图 3.66　向内扩展

"连接"选项可以设置新路径拐角上不同的连接方式，包括斜接、圆角、斜角，其效果如图 3.67 所示。

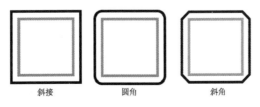

图 3.67　"连接"选项效果

"斜线限制"选项用来控制角度的变化范围。该值越高，角度变化的范围越大。

### 3.4.5　简化命令

【简化】命令可以删除图形中多余的锚点来简化路径，其目的是为编辑和打印提供方便。选择【对象】→【路径】→【简化】命令，打开"简化"对话框，如图 3.68 所示。

图 3.68　"简化"对话框

"曲线精度"选项用来设置路径的简化程度，百分比越高，减去的锚点越少；反之，减去的锚点越多。"角度阈值"选项用来控制角的平滑程度，范围在 $0^\circ \sim 180^\circ$。"直线"选项所选路径的锚点之间会成为直线。"显示原路径"选项会在简化路径的背后显示原始路径，便于对比。

### 3.4.6　添加锚点和移去锚点命令

【添加锚点】命令是在选定的路径上添加锚点，执行一次该命令可以在这段路径上两个相邻的锚点间添加一个锚点，重复该命令，可添加多个锚点，如图 3.69 所示。【移去锚点】命令可以将整个路径锚点全部删除。

图 3.69　添加锚点命令

### 3.4.7　分割下方对象命令

【分割下方对象】命令可以通过新路径切割已有的封闭路径。在绘图页面绘制一个封闭图形，如图 3.70 所示，然后使用直线工具绘制一条直线路径，选择【对象】→【路径】→【分割下方对象】命令，则该图形被分为两个部分，如图 3.71 所示。如果分割形状为封闭性路径，效果如图 3.72 所示。

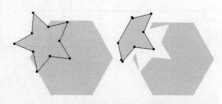

图 3.70　原图形　　　　图 3.71　分割下方对象效果　　　　图 3.72　封闭路径切割图形效果

### 3.4.8 分割为网格命令

【分割为网格】命令用于将图形分割成按一定顺序和大小排列的网格效果。在绘图页绘制一个长方形，如图 3.73 所示。选择【对象】→【路径】→【分割为网格】命令，打开"分割为网格"对话框，如图 3.74 所示。在"行"选项组中，其中，"数量"选项可以设置对象的行数；"高度"选项设置每个矩形图形的高度；"栏间距"选项设置矩形图形之间的行间距；"总计"选项设置所有矩形组的高度。在"列"选项组中，"数量"选项可以设置对象的列数；"宽度"选项设置矩形图形的宽度；"间距"选项设置矩形图形之间的列间距；"总计"选项设置矩形图形组的宽度。设置相关参数，效果如图 3.75 所示。

  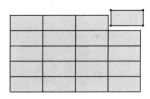

图 3.73　原图　　　　　　　图 3.74　"分割为网络"对话框　　　　图 3.75　分割后效果

### 3.4.9 剪刀工具、刻刀工具和橡皮擦工具

【剪刀工具】用于剪断路径。在工具箱中选择【剪刀工具】，在已绘制的曲线路径上的任意一点单击，如图 3.76 所示，曲线线段分为两段，如图 3.77 所示。

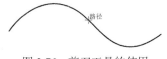 

图 3.76　剪刀工具的使用　　　　　　　　　　　图 3.77　剪切效果

【刻刀工具】可将闭合路径分割成两个独立的闭合路径。在工具箱中选择【刻刀工具】，在已绘制的圆角矩形图形上绘制一条线段，如图 3.78 所示。绘制后，使用【选择工具】可以将分割后的闭合路径进行分离，如图 3.79 所示。

【橡皮擦工具】可以擦除任意未锁定的图层。选择【橡皮擦工具】，在已绘制的图形上拖动，即可擦除图形上的内容，如图 3.80 所示。在擦除的同时，按住 Shift 键可以限制擦除方向为垂直、水平或对角线方向；按住 Alt 键可以创建选框并擦除选框内的内容；按住 Shift+Alt 组合键，擦除区域为正方形。

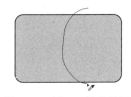 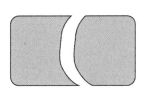 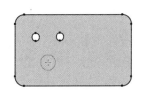

图 3.78　刻刀工具的使用　　　　　图 3.79　分割效果　　　　　图 3.80　橡皮擦工具效果

### 3.4.10 实战案例——绘制苹果手机

**1. 任务说明**

利用路径编辑工具等命令绘制苹果手机模型，效果如图 3.81 所示。

**2. 任务分析**

通过本任务的学习，掌握各种路径编辑命令的使用方法。

**3. 操作步骤**

（1）新建一个通用画布 768px*1366px，或者直接使用快捷键 Ctrl+N 新建一个画布。

（2）选择工具栏中的【圆角矩形工具】■，在绘图页中单击鼠标左键，弹出"圆角矩形"面板，设置"宽度"为 386px，"高度"为 815px，"圆角半径"为 66px，效果如图 3.82 所示。

图 3.81　苹果手机效果

图 3.82　绘制圆角矩形

（3）选择工具栏中的【渐变工具】■，双击该工具，在弹出的"渐变"面板"类型"下拉列表框中选择"径向"，双击渐变滑块为圆角矩形添加渐变色。左滑块添加黑色"#000000"，右滑块添加灰色"#666666"，"渐变"面板设置如图 3.83 所示，绘制效果如图 3.84 所示。

图 3.83　"渐变"面板

图 3.84　渐变效果图

（4）选择工具栏中的【移动工具】▷，选中圆角矩形对象，执行【对象】→【路径】→【偏移路径】命令，设置位移的值为-6px，然后单击"确定"按钮，如图 3.85 所示。对新的圆角矩形路径取消渐变填充，填充纯色黑色"#000000"，效果如图 3.86 所示。

（5）选择工具栏中的【矩形工具】■，绘制一个宽为 348px，高为 615px 的矩形，填充颜色为"#333333"，效果如图 3.87 所示。

图 3.85　"偏移路径"对话框　　　　　　　　图 3.86　偏移路径效果图

（6）选择工具栏中的【椭圆工具】 ，按住 Shift+Alt 组合键，同时鼠标单击拖动由中心点向外画出一个 8px*8px 的正圆，填充颜色为"#333333"。在此正圆的上方绘制一个 8px*8px 的小圆。选择右边工具栏中的【渐变工具】 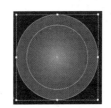，为小圆添加渐变，左滑块填充颜色为"#666666"，右滑块不透明度设为 0%。使用【选择工具】同时选中这两个圆，按住 Alt 键的同时，单击鼠标左键进行拖曳，复制两个路径，缩放大小放到合适位置，效果如图 3.88 所示。

图 3.87　绘制矩形　　　　　　　　　　　图 3.88　绘制摄像头

（7）选择工具栏中的【圆角矩形工具】 ，在绘图页中单击，弹出"圆角矩形"对话框，在对话框中，设置宽为 52px，高为 6px，圆角半径为 66px，如图 3.89 所示。双击工具栏中的【渐变工具】 ，为圆角矩形添加渐变，左滑块颜色值为"#37363b"，中间滑块颜色值为"#1e1e1f"，右滑块颜色值为"#1a1a1a"，"渐变"面板设置如图 3.90 所示，效果如图 3.91 所示。

图 3.89　"圆角矩形"对话框　　　图 3.90　"渐变"面板　　　图 3.91　圆角矩形渐变效果

（8）选择工具栏中的【椭圆工具】 ，按住 Shift+Alt 组合键，同时鼠标单击拖动由中心点向外画出一个 61px*61px 的正圆。选择右边工具栏中的【渐变工具】 ，为正圆添加渐变。选择"径向"渐变，角度为 45°，用鼠标左键单击滑块条添加滑块，如图 3.92 所示，设置中间滑块颜色值为"#666666"，左右滑块颜色值均为"#222222"，效果如图 3.93 所示。

图 3.92　"渐变"面板

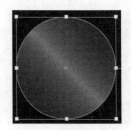

图 3.93　圆的渐变效果

（9）利用【选择工具】 选中步骤（8）绘制的圆，选择工具栏中的【比例缩放工具】 ，双击【比例缩放工具】，弹出"比例缩放"对话框，如图 3.94 所示，将等比设置为 88%，单击"复制"按钮。打开"渐变"面板，选择中间滑块后，按住鼠标左键向下拖曳删除滑块。左右滑块设置填充颜色为黑色"#000000"，左滑块设置不透明 80%，效果如图 3.95 所示。

图 3.94　"比例缩放"对话框

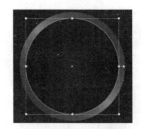

图 3.95　绘制主按钮

（10）选择工具栏中的【矩形工具】 ，绘制一个宽为 3px，高为 48px 的矩形。选择工具栏中的【渐变工具】 。按住 Alt 键的同时，单击鼠标左键拖曳矩形，复制新的形状路径并放置到合适位置，效果如图 3.96 所示。

（11）使用【选择工具】 ，框选所有形状，单击鼠标右键，在弹出的菜单中选择"编组"命令进行编组，如图 3.97 所示。最终效果图如图 3.98 所示。

图 3.96　绘制其余按钮

图 3.97　编组

图 3.98　苹果手机

扫码看视频

### 3.4.11　实战案例——绘制铅笔

**1. 任务说明**

综合利用路径编辑工具和钢笔工具绘制铅笔，效果如图 3.99 所示。

图 3.99　铅笔效果

**2. 任务分析**

通过本任务的学习，加强钢笔工具和路径编辑命令的应用能力。

**3. 操作步骤**

（1）新建一个通用画布 1366px*768px，或者直接使用快捷键 Ctrl+N 新建一个画布。选择左侧工具栏中的【矩形工具】■，双击左键，出现"矩形"对话框，建立宽度为 30px，高度为 100px 的矩形，如图 3.100 所示。填色为"#00FFFF"，描边颜色为"#666666"，描边大小为 1pt。效果如图 3.101 所示。

图 3.100　"矩形"对话框

图 3.101　绘制蓝色矩形

（2）选择工具栏中的【选择工具】▶，选中矩形，选择菜单【对象】→【路径】→【分割为网格】命令。行数量为 1，列数量为 3，间距为 0，对话框设置参数如图 3.102 所示，效果如图 3.103 所示。

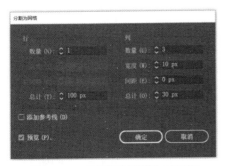

图 3.102　"分割为网格"对话框

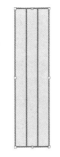

图 3.103　分割效果图

（3）选择左侧工具栏中的【矩形工具】■，双击左键，打开"矩形"对话框，设置宽度和高度均为 30px 的正方形，如图 3.104 所示。设置填色为 "#F4EFD9"，描边颜色为 "#515050"，描边为 1pt，效果如图 3.105 所示。

图 3.104  "矩形"对话框

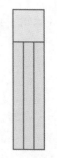

图 3.105  绘制正方形

（4）选择工具栏中的【选择工具】 ，选中矩形，选择菜单【对象】→【路径】→【分割为网格】命令。行数量为 3，列数量为 1，间距为 0，如图 3.106 所示。选择工具栏中的【选择工具】 ，选中分割后最上方的小矩形，填色设置为 "#ffaa00"，效果如图 3.107 所示。

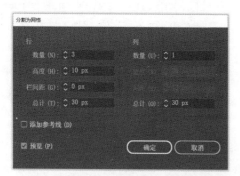

图 3.106  设置"分割为网格"对话框

图 3.107  制作橡皮擦

（5）选择左侧工具栏中的【矩形工具】 ，双击左键，出现"矩形"对话框，建立宽度为 30px，高度为 30px 的正方形，如图 3.108 所示。设置填色为 "#F4EFD9"，描边颜色为 "#515050"，描边为 1pt，效果如图 3.109 所示。

图 3.108  设置"矩形"对话框

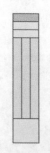

图 3.109  绘制肉色正方形

（6）选择左侧工具栏中的【添加锚点工具】 ，在矩形底边路径中间单击添加锚点，如图 3.110 所示。选择【钢笔工具】 ，鼠标左键单击底边左右两处锚点删除底边左右两处锚点，绘制出三角形，效果如图 3.111 所示。

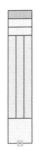

图 3.110　添加锚点

图 3.111　删除锚点

（7）选择工具栏中的【选择工具】，选中三角形。单击右侧工具栏中的【图层工具】，锁定图层，如图 3.112 所示。选择【钢笔工具】，绘制出如图 3.113 所示的小三角形，设置填色为"#333333"，无描边并在"图层"面板中解锁三角形对象。

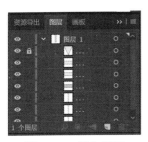

图 3.112　锁定图层

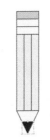

图 3.113　绘制铅笔头

（8）选择工具栏中的【选择工具】，框选所有路径，选择菜单【对象】→【栅格化】命令，单击"确定"按钮，"栅格化"对话框及最终效果图如图 3.114 所示。

图 3.114　"栅格化"对话框及最终效果图

## 3.5　路径查找器的使用

在 Illustrator CC 中，"路径查找器"控制面板是编辑图形时常用的工具之一。"路径查找器"控制面板可以将简单路径经过特定运算后形成各种复杂的路径。

选择【窗口】→【路径查找器】命令或者按 Shift+Ctrl+F9 组合键，可以打开"路径查找器"控制面板，如图 3.115 所示。"路径查找器"控制面板包含两个选项组："形状模式"和"路径查找器"。其中"形状模式"选项组从左至右包括"联集"按钮、"减去顶层"按钮、"交集"按钮□、"差集"按钮□和"扩展"按钮。前四个按钮可以通过不同的组合方式在多个图形间制作出对应的复合图形，"扩展"按钮则可以把复合图形转变为复合路径。"路径查找器"选项组从左至右包括"分割"按钮□、"修边"按钮□、"合并"按钮□、"裁剪"按钮□、"轮廓"按钮□和"减去后方对象"按钮□。这组按钮可以将对象分解成各个独立的部分，或删除对象中不需要的部分。

图 3.115　"路径查找器"控制面板

### 3.5.1　联集操作

"联集"按钮可以选中多个图形对象合并成一个图形。合并后轮廓线和重复的部分融合在一起，最顶层图形对象的颜色决定了合并后的图形对象颜色。在绘图页绘制两个形状，如图3.116 所示。利用【直接选择工具】选中两个对象，单击"联集"按钮，从而形成新图形，如图 3.117 所示。

图 3.116　原图

图 3.117　联集效果

### 3.5.2　减去顶层

"减去顶层"按钮是将底层图形减去它上面的所有图形，并保留下面图形对象的填充颜色和描边效果。以图 3.116 所示原图为例，单击"减去顶层"按钮，新图形效果如图 3.118 所示。

图 3.118　减去顶层效果

### 3.5.3　交集操作

"交集"按钮是将图形的重叠部分保留，其余部分被删除。重叠部分显示为最顶层图形的填充颜色和描边。以图 3.116 所示原图为例，单击"交集"按钮，新图形效果如图 3.119 所示。

图 3.119　交集效果

### 3.5.4　差集操作

"差集"按钮是将两个图形非重叠部分保留，重叠的部分被删除。最终图形显示为最顶层图形的填充颜色和描边。以图 3.116 所示原图为例，单击"差集"按钮，新图形效果如图 3.120 所示。

图 3.120　差集效果

### 3.5.5　分割操作

"分割"按钮是对图形对象重叠区域进行分割，使之成为单独的图形对象。分割后的图形对象保留原图形的填充颜色和描边，并自动编组。以图 3.116 所示原图为例，单击"分割"按钮，新图形变为三个闭合路径，并自动编组，新图形效果如图 3.121 所示。

图 3.121　分割效果

### 3.5.6　修边操作

"修边"按钮是将底层图形对象中与顶层图形重叠的部分删除，保留图形对象的填充颜色，无描边。以图 3.116 所示原图为例，单击"修边"按钮，新图形效果如图 3.122 所示。新图形保留填充颜色，去除描边，并自动编组。利用【直接选择工具】选中新图形，然后单击鼠标右键，在弹出的菜单中选择"取消编组"命令后，移动上层的图形，效果如图 3.123 所示。

图 3.122　修边效果

图 3.123　移动后效果

### 3.5.7　合并操作

"合并"按钮是不同颜色的对象合并后，删除已填充对象的隐藏部分，且删除对象的描边效果，效果与"修边"按钮功能相同。与修边不同的是，相同颜色的对象合并后，会成为一个对象，同样删除描边效果。绘制两个图形，如图 3.124 所示，利用【直接选择工具】选中两个图形，单击"合并"按钮，合并后效果如图 3.125 所示。

图 3.124　同颜色两个图形

图 3.125　合并后效果

### 3.5.8　裁剪操作

"裁剪"按钮只保留图形对象重叠的部分，无描边，并显示最底层图形对象的颜色。以图 3.116 所示原图为例，单击"裁剪"按钮，新图形效果如图 3.126 所示。

图 3.126　裁剪后效果

### 3.5.9　轮廓操作

"轮廓"按钮只保留图形对象的轮廓，轮廓颜色为其自身的填充色。以图 3.116 所示原图为例，单击"轮廓"按钮，新图形效果如图 3.127 所示。

图 3.127　轮廓效果

### 3.5.10　减去后方对象操作

"减去后方对象"按钮是用最顶层的图形减去下方的所有图形，保留最顶层图形的非重叠部分的填充颜色和描边。以图 3.116 所示原图为例，单击"减去后方对象"按钮，新图形效果如图 3.128 所示。

图 3.128　减去后方对象效果

扫码看视频

### 3.5.11　实战案例——绘制玫瑰花

**1．任务说明**

综合利用钢笔工具、路径编辑命令和路径查找器绘制玫瑰花，效果如图 3.129 所示。

图 3.129　玫瑰花效果

**2．任务分析**

通过本任务的学习，加强钢笔工具和路径编辑命令的应用能力，重点应用路径查找器合成不同路径。

**3．操作步骤**

（1）选择【文件】→【新建】命令，在新建窗口中设置绘图页大小为 500px*500px。

（2）将前景色设置为黑色"#000000" ，选择使用【矩形工具】 ，在绘图页单击鼠标左键，弹出如图 3.130 所示的对话框，绘制一个 500px*500px 的矩形充当背景。使用快捷键 Ctrl+2 锁定背景。在"图层"控制面板中将矩形路径命名为"背景"，如图 3.131 所示。

图 3.130　创建背景

图 3.131　命名"背景"

（3）将填色和描边设置为"无" ⬚，选择【钢笔工具】 ✐，勾勒叶子的形状。在勾勒过程中按住 Alt 键控制手柄调整曲线的幅度从而达到想要的效果。在"图层"控制面板中将新绘制的路径图层命名为"叶子 1"，具体效果如图 3.132 所示。

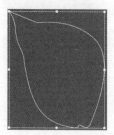

图 3.132　勾勒叶子 1 形状

（4）选择【钢笔工具】 ✐，用勾勒"叶子"的方法勾勒出花朵的形状，并将对象命名为"花朵"，具体效果如图 3.133 所示。继续勾勒叶子的形状，将对象命名为"叶子 2"，具体效果如图 3.134 所示。再次勾勒叶子的形状，将对象命名为"叶子 3"，具体效果如图 3.135 所示。继续勾勒叶子的形状，将对象命名为"叶子 4"，具体效果如图 3.136 所示。

图 3.133　勾勒花朵形状

图 3.134　勾勒叶子 2 形状

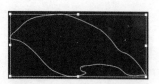

图 3.135　勾勒叶子 3 形状

图 3.136　勾勒叶子 4 形状

（5）使用【选择工具】 ▷，框选所有路径，设置填充为白色"#FFFFFF"，具体效果如图 3.137 所示。

（6）使用【选择工具】 ▷ 选中"叶子 1"，使用快捷键 Ctrl+C 复制"叶子 1"对象，使用快捷键 Ctrl+F 在原路径上方粘贴路径，并填充颜色为红色"#FF0000"。将填色和描边设置为"无" ⬚，再使用【钢笔工具】 ✐，绘制出如图 3.138 所示形状路径，命名为"剪切 1"。

（7）按住 Shift 键的同时，使用【选择工具】 ▷ 在"图层"控制面板中选中复制出的"叶子 1"和"剪切 1"对象，选择【窗口】→【路径查找器】命令打开"路径查找器"控制面板或使用快捷键 Shift+Ctrl+F9，选择"减去顶层"按钮 ⬚ 减去顶层，具体效果如图 3.139 所示。

图 3.137 钢笔勾勒花瓣形状

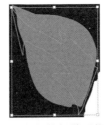

图 3.138 钢笔勾勒形状路径

图 3.139 减去顶层后效果

（8）使用【钢笔工具】 绘制如图 3.140 所示的 5 个路径。按住 Shift 键的同时，使用【选择工具】 同时选中 5 个路径，在路径查找器中单击"联集"按钮 使 5 个路径合并，命名为"剪切 2"。

（9）使用【选择工具】 选中"花朵"，使用快捷键 Ctrl+C 复制"花朵"对象，使用快捷键 Ctrl+F 在原路径上方粘贴路径，并填充颜色为红色"#FF0000"。按住 Shift 键的同时，使用【选择工具】 在"图层"控制面板中选中复制出的"花朵"和"剪切 2"对象，选择【窗口】→【路径查找器】命令打开"路径查找器"控制面板，选择"减去顶层"按钮 减去顶层，具体效果如图 3.141 所示。

（10）使用【选择工具】 选中"叶子 2"，使用快捷键 Ctrl+C 复制"叶子 2"对象，使用快捷键 Ctrl+F 在原路径上方粘贴路径，并填充颜色为红色"#FF0000"。将填色和描边设置为"无" ，再使用【钢笔工具】 ，绘制出如图 3.142 所示形状路径，命名为"剪切 3"。

图 3.140 联集形状路径

图 3.141 绘制花朵

图 3.142 绘制路径"剪切 3"

（11）按住 Shift 键的同时，使用【选择工具】 在"图层"控制面板中选中复制出的"叶子 2"和"剪切 3"对象，选择【窗口】→【路径查找器】命令打开"路径查找器"控制面板，选择"减去顶层"按钮 减去顶层，具体效果如图 3.143 所示。

（12）使用【选择工具】 选中"叶子 3"，使用快捷键 Ctrl+C 复制"叶子 3"对象，使用快捷键 Ctrl+F 在原路径上方粘贴路径，并填充颜色为红色"#FF0000"。将填色和描边设置为"无" ，再使用【钢笔工具】 ，绘制出如图 3.144 所示形状路径，命名为"剪切 4"。

（13）按住 Shift 键的同时，使用【选择工具】 在"图层"控制面板中选中复制出的"叶子 3"和"剪切 4"对象，选择【窗口】→【路径查找器】命令打开"路径查找器"控制面板，选择"减去顶层"按钮 减去顶层，具体效果如图 3.145 所示。

图 3.143　减去顶层后效果

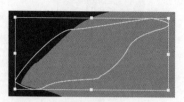
图 3.144　绘制路径"剪切 4"

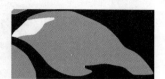
图 3.145　再次减去顶层后效果

（14）使用【选择工具】 选中"叶子 4"，使用快捷键 Ctrl+C 复制"叶子 4"对象，使用快捷键 Ctrl+F 在原路径上方粘贴路径，并填充颜色为红色"#FF0000"。将填色和描边设置为"无" ，再使用【钢笔工具】 ，绘制出如图 3.146 所示形状路径，命名为"剪切 5"。

（15）按住 Shift 键的同时，使用【选择工具】 在"图层"控制面板中选中复制出的"叶子 4"和"剪切 5"对象，选择【窗口】→【路径查找器】命令打开"路径查找器"控制面板，选择"减去顶层"按钮 减去顶层，具体效果如图 3.147 所示。

（18）使用【选择工具】 框选所有形状，单击鼠标右键，在弹出的菜单中选择"编组"命令进行编组，最终效果如图 3.148 所示。

图 3.146　绘制路径"剪切 5"

图 3.147　减去顶层

图 3.148　最终效果

### 3.5.12　实战案例——UI 图标

#### 1. 任务说明

综合利用圆角矩形工具和路径查找器相关命令按钮绘制 UI 图标，效果如图 3.149 所示。

扫码看视频

图 3.149　UI 图标效果

#### 2. 任务分析

通过本任务的学习，加强路径查找器相关命令按钮的综合运用。

3．操作步骤

（1）选择【文件】→【新建】命令，在新建窗口中设置绘图页大小为 300px*200px。

（2）选择工具栏中的【圆角矩形工具】 ，在画布上单击鼠标左键，在弹出的"圆角矩形"对话框中设置宽度为 160px，高度为 116px，圆角半径为 24px，如图 3.150 所示。填色"#48a636"，无描边，效果如图 3.151 所示。

图 3.150　"圆角矩形"对话框　　　　　　　图 3.151　圆角矩形效果图

（3）选择工具栏中的【椭圆工具】 ，在画布上单击鼠标左键，在弹出的"椭圆"对话框中设置宽度为 81px，高度为 67px，如图 3.152 所示。填充颜色为"白色"，无描边，命名为"椭圆 1"，效果如图 3.153 所示。

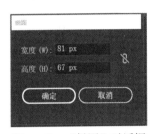

图 3.152　"椭圆"对话框　　　　　　　　图 3.153　绘制椭圆 1

（4）选择工具栏中的【椭圆工具】 ，在画布上单击鼠标左键，在弹出的"椭圆"对话框中设置宽度为 62px，高度为 50px，如图 3.154 所示。填充颜色为"白色"，无描边，命名为"椭圆 2"，效果如图 3.155 所示。

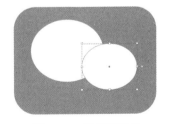

图 3.154　设置"椭圆"对话框　　　　　　图 3.155　绘制椭圆 2

（5）选择工具栏中的【选择工具】 ，选中"椭圆 2"。使用快捷键 Ctrl+C 复制"椭圆 2"对象，使用快捷键 Ctrl+F 原位置粘贴复制对象，并将新对象命名为"椭圆 3"。使用【选择工具】将"椭圆 3"对象向右移动一定距离，如图 3.156 所示。

（6）选择工具栏中的【选择工具】 ，按住 Shift 键同时选中"椭圆 1"和"椭圆 2"对象。选择【窗口】→【路径查找器】命令，打开"路径查找器"面板，单击"减去顶层"按钮，如图 3.157 所示。减去顶层后的路径命名为"路径 1",效果如图 3.158 所示。绘制两个三角形,并分别将图层命名为"三角形 1"和"三角形 2",效果如图 3.159 所示。

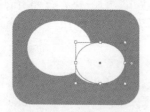

图 3.156  复制"椭圆 2"对象

图 3.157  设置"减去顶层"

图 3.158  减去顶层效果

图 3.159  勾勒三角形

(7)选择工具栏中的【选择工具】 ,按住 Shift 键同时选中"路径 1"和"三角形 1"。选择【窗口】→【路径查找器】命令,打开"路径查找器"面板,单击"联集"按钮,如图 3.160 所示。联集后的路径命名为"路径 2",效果如图 3.161 所示。

图 3.160  "路径查找器"面板

图 3.161  "路径 2"联集效果

(8)选择工具栏中的【选择工具】 ,按住 Shift 键同时选中"椭圆 3"和"三角形 2"对象。选择【窗口】→【路径查找器】命令,打开"路径查找器"面板,单击"联集"按钮,联集后的路径命名为"路径 3",效果如图 3.162 所示。

(9)选择工具栏中的【椭圆工具】 ,按住 Shift 键绘制如图 3.163 所示的正圆。从左至右依次命名为"正圆 1""正圆 2""正圆 3""正圆 4"。

图 3.162  "路径 3"联集效果

图 3.163  绘制正圆

(10)选择工具栏中的【选择工具】 ,按住 Shift 键同时选中"路径 2"和"正圆 1"

对象。选择【窗口】→【路径查找器】命令，打开"路径查找器"面板，单击"减去顶层"按钮，如图 3.164 所示。按住 Shift 键同时选中"路径 2"和"正圆 2"对象。"路径查找器"面板下，单击"减去顶层"按钮，效果如图 3.165 所示。

图 3.164　减去顶层后效果图

图 3.165　再次减去顶层后效果

（11）选择工具栏中的【选择工具】，按住 Shift 键同时选中"路径 3"和"正圆 3"对象。"路径查找器"面板下，单击"减去顶层"按钮，如图 3.166 所示。按住 Shift 键同时选中"路径 3"和"正圆 4"。"路径查找器"面板下，单击"减去顶层"按钮，效果如图 3.167 所示。

图 3.166　三次减去顶层后效果

图 3.167　四次减去顶层后效果

（12）选择工具栏中的【选择工具】，框选所有路径进行编组，最终效果图完成。

# 本章小结

（1）钢笔工具可以绘制直线、曲线以及复合路径，并可以调整锚点以及路径的位置。

（2）编辑路径包括增加锚点、删除锚点和转换锚点。增加锚点可使用添加锚点工具，删除锚点可使用删除锚点工具，转换锚点可使用转换锚点工具。

（3）路径编辑命令用于对路径进行相关编辑操作，包括连接锚点、平均分布锚点、轮廓化描边、偏移路径、简化、添加锚点和移去锚点、分割下方对象、分割为网格、剪刀工具、刻刀工具和橡皮擦工具。

（4）路径查找器可以将简单路径经过特定运算后形成各种复杂的路径，包括联集、减去顶层、交集、差集、分割、修边、合并、剪裁、轮廓、减去后方对象。

# 课后习题

## 一、单项选择题

1. 下列关于钢笔工具的描述不正确的是（　　　）。

　　A．使用钢笔工具在路径上任何锚点上单击，就可删除此锚点

B. 使用钢笔工具在路径上任何一处单击，就可增加一个锚点

C. 钢笔工具可改变曲线锚点上方向线的方向

D. 钢笔工具可用来绘制直线路径和曲线路径

2. 下列关于曲线锚点的描述不正确的是（　　　）。

A. 曲线锚点通常有两个方向线

B. 曲线锚点的两个方向线不一定是相反方向

C. 曲线锚点的两个方向线一定是相反方向

D. 曲线锚点的两个方向线可以成 90 度

3. 下列哪个不是钢笔工具组中的工具（　　　）。

A. 增加锚点工具　　　　　　　　B. 转换锚点工具

C. 编组选择工具　　　　　　　　D. 删除锚点工具

4. 一个开放的路径，两个端点距离较近，通过下列哪种方式可以将两个端点连接起来使之成为闭合路径（　　　）。

A. 使用直接选择工具将一个端点拖到另一个端点上

B. 选择【对象】→【路径】→【连接】命令

C. 选择【对象】→【路径】→【平均】命令

D. 选择【对象】→【混合】→【建立】命令

## 二、多项选择题

1. 下列有关橡皮擦工具描述不正确的是（　　　）。

A. 橡皮擦工具只能擦除开放路径

B. 橡皮擦工具只能擦除路径的一部分，不能将路径全部擦除

C. 橡皮擦工具可以擦除文本或渐变网格

D. 橡皮擦工具可以擦除路径上的任意部分

2. 下列各种选择工具的描述，正确的是（　　　）。

A. 使用选择工具在路径上任何处单击，可以选中整个图形或整个路径

B. 使用直接选择工具可以选择路径上的单个锚点或部分路径，并且可以显示锚点的方向线

C. 使用编组选择工具可以选择编组对象中任何路径上的单个锚点，并且可显示锚点的方向线

D. 使用选择工具可以选择路径上的单个锚点或部分路径，并且可显示锚点的方向线

3. 下列有关曲线锚点的描述正确的是（　　　）。

A. 曲线锚点的两个方向线可以成任意角度

B. 曲线锚点的方向线和它所控制的曲线路径成 90 度关系

C. 曲线锚点的方向线和它所控制的曲线路径相切

D. 曲线锚点可以有一个方向线

4. 下列有关剪刀工具的描述不正确的是（　　　）。

A. 只能裁剪开放路径

B. 只能剪裁封闭路径

C. 可裁剪具有填充色的开放的半圆形路径

D. 不能裁剪无填充色的封闭路径

# 拓展训练

根据本章所学的内容，任选下列案例进行制作。

案例 1：马里奥，如图 3.168 所示。

扫码看视频

图 3.168 马里奥效果图

案例 2：折扇，如图 3.169 所示。

扫码看视频

图 3.169 折扇效果图

# 第4章　对象的编辑与变换

对象的编辑与变换包括对象的对齐与分布，编组、锁定和隐藏，对象的排列等许多特性。通过学习本章的内容可以快速、高效地对齐、分布、组合和控制多个对象，使对象在页面中更加有序，使工作更加得心应手。

- 对象的对齐和分布的操作方法
- 对象的编组、锁定和隐藏的操作
- 调整对象排列顺序的技巧

## 4.1　对齐和分布

应用"对齐"面板可以快速、有效地对齐或分布多个图形。选择【窗口】→【对齐】命令，弹出"对齐"面板，如图 4.1 所示。单击面板右上方的图标，在弹出的菜单上选择"显示选项"命令，弹出"分布间距"选项组和"对齐"下拉选项，如图 4.2 所示。

图 4.1　"对齐"面板

图 4.2　显示选项

### 4.1.1　对象的对齐

"对齐"面板中的"对齐对象"选项组中，包括 6 种对齐命令按钮："水平左对齐"按钮、"水平居中对齐"按钮、"水平右对齐"按钮、"垂直顶对齐"按钮、"垂直居中对齐"按钮、"垂直底对齐"按钮。

注意：默认的"对齐"下拉选项为"对齐所选对象"。

1．水平左对齐

以最左边对象的左边边线为基准线，选取全部对象的左边缘和这条线对齐（最左边对象的位置不变）。

选取要对齐的对象，如图 4.3 所示。单击"对齐"面板中的"水平左对齐"按钮，所有被选取的对象都将向左对齐，如图 4.4 所示。

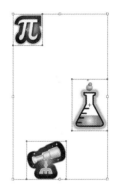

图 4.3　选取对象　　　　　　　　　　图 4.4　水平左对齐

2．水平居中对齐

以选定对象的中点为基准点对齐，所有对象在垂直方向的位置保持不变（多个对象进行水平居中对齐时，以中间对象的中点为基准点进行对齐，中间对象的位置不变）。

选取要对齐的对象，如图 4.5 所示。单击"对齐"面板中的"水平居中对齐"按钮，所有被选取的对象都将水平居中对齐，如图 4.6 所示。

图 4.5　选取对象　　　　　　　　　　图 4.6　水平居中对齐

3．水平右对齐

以最右边对象的右边边线为基准线，选取全部对象的右边缘和这条线对齐，（最右边对象的位置不变）。

选取要对齐的对象，如图 4.7 所示。单击"对齐"面板中的"水平右对齐"按钮，所有被选取的对象都将水平向右对齐，如图 4.8 所示。

4．垂直顶对齐

以多个要对齐对象中最上面对象的上边线为基准线，选定对象的上边线都和这条线对齐（最上面对象的位置不变）。

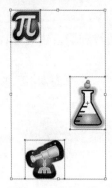

图 4.7　选取对象　　　　　　　　　　　　　　　图 4.8　水平右对齐

　　选取要对齐的对象，如图 4.9 所示。单击"对齐"面板中"垂直顶对齐"按钮，所有被选取的对象都将向上对齐，如图 4.10 所示。

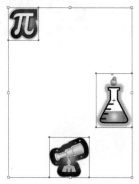

图 4.9　选取对象　　　　　　　　　　　　　　　图 4.10　垂直顶对齐

### 5. 垂直居中对齐

　　以多个要对齐对象的中点为基准点进行对齐，将所有对象进行垂直移动，水平方向上的位置不变（多个对象进行垂直居中对齐时，以中间对象的中点为基准点进行对齐，中间对象的位置不变）。

　　选取要对齐的对象，如图 4.11 所示。单击"对齐"面板中"垂直居中对齐"按钮，所有被选取的对象都将垂直居中对齐，如图 4.12 所示。

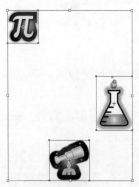

图 4.11　选取对象　　　　　　　　　　　　　　　图 4.12　垂直居中对齐

6. 垂直底对齐

以多个要对齐对象中最下面对象的下边线为基准线，选定对象的下边线都和这条线对齐（最下面对象的位置不变）。

选取要对齐的对象，如图 4.13 所示。单击"对齐"面板中"垂直底对齐"按钮，所有被选取的对象都将垂直向底对齐，如图 4.14 所示。

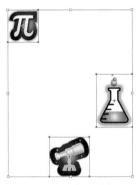

图 4.13　选取对象

图 4.14　垂直底对齐

### 4.1.2　对象的分布

"对齐"面板中的"分布对象"选项组，包括 6 种分布命令按钮："垂直顶分布"按钮、"垂直居中分布"按钮、"垂直底分布"按钮、"水平左分布"按钮、"水平居中分布"按钮和"水平右分布"按钮。

1. 垂直顶分布

以每个选取对象的上边线为基准线，使对象按相等的间距垂直分布。

选取要分布的对象，如图 4.15 所示。单击"对齐"面板中的"垂直顶分布"按钮，所有被选取的对象将按各自的上边线等距离垂直分布，如图 4.16 所示。

图 4.15　选取对象

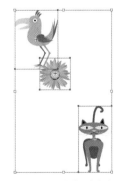

图 4.16　垂直顶分布

2. 垂直居中分布

以每个选取对象的中线为基准线，使对象按相等的间距垂直分布。

选取要分布的对象，如图 4.17 所示。单击"对齐"面板中的"垂直居中分布"按钮，所有被选取的对象将按各自的中线等距离垂直分布，如图 4.18 所示。

图 4.17　选取对象

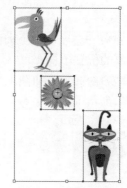

图 4.18　垂直居中分布

### 3. 垂直底分布

以每个选取对象的下边线为基准线，使对象按相等的间距垂直分布。

选取要分布的对象，如图 4.19 所示。单击"对齐"面板中的"垂直底分布"按钮 ，所有被选取的对象将按各自的下边线等距离垂直分布，如图 4.20 所示。

图 4.19　选取对象

图 4.20　垂直底分布

### 4. 水平左分布

以每个选取对象的左边线为基准线，使对象按相等的间距水平分布。

选取要分布的对象，如图 4.21 所示。单击"对齐"面板中的"水平左分布"按钮 ，所有被选取的对象将按各自的左边线等距离水平分布，如图 4.22 所示。

图 4.21　选取对象

图 4.22　水平左分布

5. 水平居中分布

以每个选取对象的中线为基准线，使对象按相等的间距水平分布。

选取要分布的对象，如图 4.23 所示。单击"对齐"面板中的"水平居中分布"按钮 ，所有被选取的对象将按各自的中线等距离水平分布，如图 4.24 所示。

图 4.23　选取对象

图 4.24　水平居中分布

6. 水平右分布

以每个选取对象的右边线为基准线，使对象按相等的间距水平分布。

选取要分布的对象，如图 4.25 所示。单击"对齐"面板中的"水平右分布"按钮 ，所有被选取的对象将按各自的右边线等距离水平分布，如图 4.26 所示。

图 4.25　选取对象

图 4.26　水平右分布

7. 垂直分布间距

要精确指定对象间的距离，需选择"对齐"面板中的"分布间距"选项组，其中包括"垂直分布间距"按钮 和"水平分布间距"按钮 。

选取要对齐的多个对象，如图 4.27 所示。单击被选取对象中的任意一个对象，该对象将作为其他对象进行分布时的参照，如图 4.28 所示。在图例中单击中间的小鱼图像，作为参照对象。在"对齐"面板右下方的数值框中，将距离数值设为 10mm，如图 4.29 所示。

单击"对齐"面板中的"垂直分布间距"按钮 ，如图 4.30 所示，所有被选取的对象将以小鱼图像作为参照，按设置的数值等距离垂直分布，效果如图 4.31 所示。

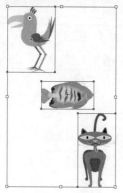

图 4.27　选取对象

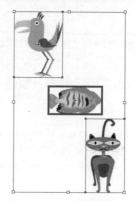

图 4.28　选取参照对象

图 4.29　设置距离数值

图 4.30　单击"垂直分布间距"按钮

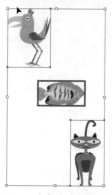

图 4.31　垂直分布间距效果

8. 水平分布间距

选取要对齐的多个对象，如图 4.32 所示，单击被选取对象中的任意一个对象，该对象将作为其他对象进行分布时的参照，如图 4.33 所示。在图例中单击中间的小鱼图像，作为参照对象。

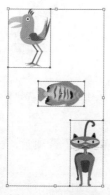

图 4.32　选取对象

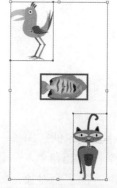

图 4.33　选取参照对象

在"对齐"面板右下方的数值框中，将距离数值设为 5mm，然后单击"对齐"面板中的"水平分布间距"按钮 ，如图 4.34 所示，所有被选取的对象将以小鱼图像作为参照，按设置的数值等距离水平分布，效果如图 4.35 所示。

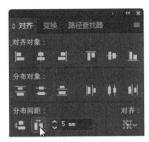

图 4.34　单击"水平分布间距"按钮

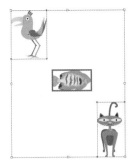

图 4.35　水平分布间距效果

### 4.1.3　网格对齐

选择【视图】→【显示网格】命令（组合键为 Ctrl+"），页面上显示出网格，效果如图 4.36 所示。用鼠标单击中间的小鱼图像，并按住鼠标向左拖曳，使小鱼图像的左边线和上方小鸟图像的左边线垂直对齐，如图 4.37 所示；用鼠标单击下方的小猫图像，并按住鼠标向左拖曳，使小猫图像的左边线和上方小鱼图像的右边线垂直对齐，如图 4.38 所示。

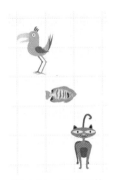

图 4.36　显示网格

图 4.37　利用网格对齐

图 4.38　再次利用网格对齐

### 4.1.4　辅助线对齐对象

选择【视图】→【标尺】→【显示标尺】命令（组合键为 Ctrl+R），页面上显示出标尺，效果如图 4.39 所示。

选择【选择工具】，单击页面左侧的标尺，按住鼠标不放并向右拖曳，拖曳出一条垂直的辅助线，将辅助线放在要对齐对象的右边线上，如图 4.40 所示。

图 4.39　显示标尺

图 4.40　拖曳辅助线

　　用鼠标单击小猫图像并按住鼠标不放向左拖曳，使小猫图像的左边线和辅助线对齐，如图 4.41 所示。释放鼠标，对齐后的效果如图 4.42 所示。

图 4.41　拖曳对齐辅助线

图 4.42　辅助线对齐效果

# 4.2　对象的编组、锁定和隐藏

　　在 Illustrator 中，可以将多个图形进行编组，从而组合成一个图形组，另外，还可以锁定和隐藏对象。

### 4.2.1　对象的编组

　　使用【编组】命令，可以将多个对象组合在一起使其成为一个对象，使用【选择工具】选取要编组的图像，编组之后，单击任何一个图像，其他图像都会被一起选取。

　　1. 创建组合

　　选取要编组的对象，如图 4.43 所示，选择【对象】→【编组】命令（组合键为 Ctrl+G），将选取的对象进行组合，选择组合后的图像中的任何一个图像，其他的图像也会同时被选取，如图 4.44 所示。

　　将多个对象组合后，其外观并没有变化，当对任何一个对象进行编辑时，其他对象也随之产生相应的变化。如果需要单独编辑组合中的个别对象，而不改变其他对象的状态，可以应用【编组选择工具】进行选取。选择【编组选择工具】，用鼠标单击要移动的对象并按住鼠标左键不放，拖曳对象到合适的位置，效果如图 4.45 所示，其他的对象并没有变化。

图 4.43　选取对象

图 4.44　编组

图 4.45　编组选择

　　提示：【编组】命令还可以将几个不同的组合进行进一步的组合，或在组合与对象之间进行进一步的组合，在几个组之间进行组合时，原来的组合并没有消失，它与新得到的组合是嵌套的关系。组合不同图层上的对象，组合后所有的对象将自动移动到最上边对象的图层中，并形成组合。

2．取消组合

选择要取消组合的对象，如图 4.46 所示，选择【对象】→【取消编组】命令（组合键为 Shift+Ctrl+G），取消组合。取消组合后的图像，可通过单击鼠标选取任意一个图像，如图 4.47 所示。

图 4.46　选择取消组合对象

图 4.47　取消编组

进行一次【取消编组】命令只能取消一层组合，如两个组合使用【编组】命令得到一个新的组合，应用【取消编组】命令取消这个新组合后，得到两个原始的组合。

### 4.2.2　对象的锁定

锁定对象可以防止操作时误选对象，也可以防止当多个对象重叠在一起而选择一个对象时，其他对象也连带被选取。

锁定对象包括 3 个部分：所选对象、上方所有图稿、其他图层。

1．锁定选择

选取要锁定的图形，如图 4.48 所示。选择【对象】→【锁定】→【所选对象】命令（组合键为 Ctrl+2），将橘子图形锁定。锁定后，其他图像可以被选取，可以移动，橘子图形不能被选取，如图 4.49 所示。

图 4.48　选取锁定图形

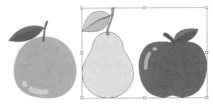

图 4.49　锁定所选对象

2．锁定上方所有图稿的图像

选取最底层的橘子图形，如图 4.50 所示。选择【对象】→【锁定】→【上方所有图稿】命令，橘子图形之上的苹果图形和梨图形则被锁定。锁定后，橘子图形可以被选取，而苹果图形和梨图形不能被选取，如图 4.51 所示。

图 4.50　选取橘子图形

图 4.51　锁定上方所有图稿

3. 锁定其他图层

苹果图形、橘子图形、梨图形分别在不同的图层上，如图 4.52 所示，选取橘子图形，如图 4.53 所示。选择【对象】→【锁定】→【其他图层】命令，在"图层"面板中，除了橘子图形所在的图层，其他图层都被锁定了，被锁定图层的左边，将会出现一个锁头的图标 🔒，如图 4.54 所示，锁定图层中的图像在页面中也都被锁定了。

图 4.52　"图层"面板

图 4.53　选择橘子图形

图 4.54　锁定其他图层

4. 解除锁定

选择【对象】→【全部解锁】命令（组合键为 Alt+Ctrl+2），被锁定的图像就会被取消锁定。

### 4.2.3　对象的隐藏

Illustrator 可以将当前不重要或已经做好的图像隐藏起来，避免妨碍其他图像的编辑。

隐藏对象包括 3 个部分：所选对象、上方所有图稿、其他图层。

1. 隐藏选择

选取要隐藏的对象，如图 4.55 所示。选择【对象】→【隐藏】→【所选对象】命令（组合键为 Ctrl+3），则橘子图形被隐藏起来，效果如图 4.56 所示。

图 4.55　选取对象

图 4.56　隐藏所选对象

2. 隐藏上方所有图稿的图像

选取最底层的橘子图形，如图 4.57 所示。选择【对象】→【隐藏】→【上方所有图稿】命令，橘子图形之上的玫瑰花图形和蜜蜂图形则被隐藏，效果如图 4.58 所示。

图 4.57　选取橘子图形

图 4.58　隐藏上方所有图稿

3．隐藏其他图层

橘子图形、玫瑰花图形、蜜蜂图形分别在不同的图层上，如图 4.59 所示，选取橘子图形，如图 4.60 所示。选择【对象】→【隐藏】→【其他图层】命令，在"图层"面板中，除了橘子图形所在的图层，其他图层都被隐藏了，被隐藏图层的左边，原有的眼睛图标消失，如图 4.61 所示。隐藏图层中的图像在页面中也都被隐藏了。

图 4.59　"图层"面板　　　　图 4.60　选取橘子图形　　　　图 4.61　隐藏其他图层

4．显示所有对象

选择【对象】→【显示全部】命令（组合键为 Alt+Ctrl+3），被隐藏的图像将会显示出来。

### 4.2.4　实战案例——制作无烟日插画

1．任务说明

利用 Illustrator 软件制作无烟日插画，效果如图 4.62 所示。

扫码看视频

图 4.62　无烟日插画效果图

2．任务分析

关于无烟日插画的设计，可以从以下几个方面着手分析。

色调：该公益广告插画以戒烟为主题，因此可以运用灰色作为无烟日插画的主色调。

插画元素：插画比较醒目的是一根燃着的香烟上面有一个骷髅头像，烟被贴上了禁止符号，同灰色的背景构成了一幅让人害怕的景象。

（1）禁止符号：运用椭圆工具和矩形工具绘制，通过移动锚点调整图形形状。

（2）香烟：运用圆角矩形工具和钢笔工具绘制香烟。

（3）骷髅：运用椭圆工具和钢笔工具，通过锚点的调整，并复制通过调整透明度来绘制出整体的形状。

（4）对齐：借助"对齐"面板。

3．操作步骤

（1）选择【文件】→【新建】命令或按 Ctrl+N 组合键，在弹出的"新建文档"对话框中设置名称为"世界无烟日插画"，大小选择 A4，出血为 3mm，其他选择默认值即可，单击"确定"按钮，完成文档的创建。

（2）选择【矩形工具】 ▦ ，在文档中绘制一个宽为 210mm、高为 297mm 的矩形，并添加灰色填充（CMYK:36、29、27、0）。选中制作的灰色背景，按 Ctrl+2 组合键将其锁定。

（3）运用【钢笔工具】 ✏ 勾勒并且调整锚点画出骷髅头像，适当调整透明度，如图 4.63 所示。

（4）选择【椭圆工具】 ⬭ ，绘制出一个大圆和一个小圆，填充暗红色（CMYK：29、100、100、0），按住 Shift 键同时选中大圆和小圆，执行【窗口】→【对齐】命令或按 Shift+F7 组合键，打开"对齐"面板，选择垂直居中对象，然后将小圆置于顶层，用"对齐"面板中的路径查找器，选择减去顶层图案，如图 4.64 所示。按 Ctrl+G 组合键将所得的图案编组，完成的效果如图 4.65 所示。

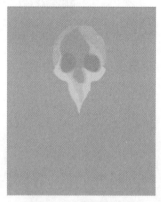

图 4.63　绘制骷髅头像　　　　图 4.64　减去顶层　　　　图 4.65　图案编组

（5）选择【圆角矩形工具】 ▢ ，绘制出烟的主体，先绘制一个较长的圆角矩形，填充白色（CMYK：0、0、0、0），复制一个圆角矩形，并将其缩短，填充橙黄色（CMYK：9、45、83、0），将两个圆角矩形选中，选择【对象】→【编组】命令（组合键为 Ctrl+G），将两个圆角矩形组合在一起。

（6）选择【矩形工具】 ▦ ，绘制一个适当宽度的细条，填充之前圆环的颜色（CMYK：29、100、100、0），旋转长条，完成禁止的图案，效果如图 4.66 所示。

（7）绘制燃烧的烟头和阴影部分。燃烧的烟头用【钢笔工具】勾勒填充黑色（CMYK：78、73、70、42），阴影用【椭圆工具】对齐变形。

（8）加入文字，完成后的效果如图 4.67 所示。

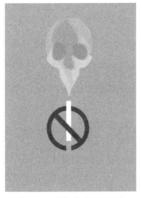

图 4.66　完成禁止图案　　　　　　　　　　图 4.67　无烟日插画效果图

# 4.3　对象的排列

对象之间存在着堆叠的关系，后绘制的对象一般显示在先绘制的对象之上。在实际操作中，可以根据需要改变对象之间的堆叠顺序，通过改变图层的排列顺序，也可以改变对象的排序。

选择【对象】→【排列】命令，其子菜单包括 5 个命令：置于顶层、前移一层、后移一层、置于底层和发送至当前图层，使用这些命令可以改变图形对象的排序。选中要排序的对象，用鼠标右键单击页面，在弹出的快捷菜单中也可选择【排列】命令，还可以应用组合键来对对象进行排序。

1.　置于顶层

将选取的图像移到所有图像的顶层。可选取要移动的图像，如图 4.68 所示，用鼠标右键单击页面，在快捷菜单的【排列】中选择【置于顶层】命令，图像排到顶层，如图 4.69 所示。

2.　前移一层

将选取的图像向前移过一个图像。选取要移动的图像，如图 4.70 所示，用鼠标右键单击页面，在快捷菜单的【排列】中选择【前移一层】命令，图像向前一层，效果如图 4.71 所示。

图 4.68　选取对象　　　图 4.69　置于顶层　　　图 4.70　选取对象　　　图 4.71　前移一层

3.　后移一层

将选取的图像向后移过一个图像。选取要移动的图像，如图 4.72 所示，用鼠标右键单击页面弹出快捷菜单，在【排列】命令的子菜单中选择【后移一层】命令，图像向后一层，效果如图 4.73 所示。

4.　置于底层

将选取的图像移到所有图像的底层。选取要移动的图像，如图 4.74 所示，用鼠标右键单击页面弹出快捷菜单,在【排列】命令的子菜单中选择【置于底层】命令,图像将排到最后面,效果如图 4.75 所示。

 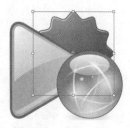  

图 4.72 选取对象　　　图 4.73 后移一层　　　图 4.74 选取对象　　　图 4.75 置于底层

5. 发送至当前图层

选择"图层"面板,在"图层 1"上新建"图层 2",如图 4.76 所示,选取要发送到当前图层的蓝色球形图像,如图 4.77 所示,这时"图层 1"变为当前图层,如图 4.78 所示。

 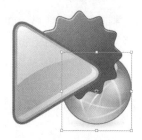 

图 4.76 新建图层　　　图 4.77 选取图形　　　图 4.78 当前图层

用鼠标单击"图层 2",使"图层 2"成为当前图层,如图 4.79 所示。用鼠标右键单击页面弹出快捷菜单,在【排列】的子菜单中选择【发送至当前图层】命令,蓝色球形图像被发送到当前图层,即"图层 2"中,页面效果如图 4.80 所示,"图层"面板效果如图 4.81 所示。

图 4.79 重选当前图层　　　图 4.80 发送至当前图层　　　图 4.81 "图层"面板效果

## 4.4　实战案例——制作 bp 润滑油标志

扫码看视频

1. 任务说明

为 bp 润滑油企业设计润滑油 logo,效果如图 4.82 所示。

2. 任务分析

该润滑油 logo 是由一个简单的花形和英文字母 bp 组成,背景为白色,画面十分简洁。通过本任务的学习，可以掌握对象的编组、锁定和隐藏，以及对象的变换。

图 4.82　bp 润滑油标志效果图

3. 操作步骤

（1）选择【文件】→【新建】命令或按 Ctrl+N 组合键，在弹出的"新建文档"对话框中设置名称为"bp 润滑油标志"，设置宽度为 50mm，高度为 50mm，单击"创建"按钮，完成文档的创建。

（2）选择【矩形工具】▣，绘制一个宽度为 50mm，高度为 50mm 的矩形。将矩形和画布对齐之后，按 Ctrl+2 锁定矩形。

（3）选择【椭圆工具】◯，绘制一个宽度为 5.66mm，高度为 12.59mm 的椭圆并添加深绿色填充（CMYK：84、36、100、2），如图 4.83 所示。

（4）选择【直接选择工具】▸，单击一下椭圆最上面的锚点，在工具栏中单击"转换"↑，得到如图 4.84 所示的尖角椭圆图形。

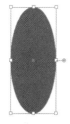

图 4.83　绘制椭圆　　　　　　　　　　　　　　　图 4.84　尖角椭圆

（5）选择【旋转工具】↻，按住 Alt 键，单击椭圆正下方一点，弹出"旋转"对话框，设角度为 18 度，如图 4.85 所示，单击"复制"按钮，选择【对象】→【变换】→【再次变换】命令或按 Ctrl+D 组合键，连续按 18 次，即可得到如图 4.86 所示的图形。

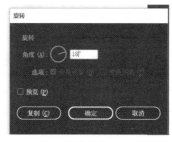

图 4.85　设置旋转角度　　　　　　　　　　　　　图 4.86　再次变换所得图形

（6）选中所有的尖角椭圆，选择【对象】→【编组】命令或按 Ctrl+G 组合键，将所得图形进行编组。

（7）选择编组后的图形，选择【对象】→【变换】→【分别变换】命令或按 Shift＋Alt＋Ctrl＋D 组合键，弹出"分别变换"对话框，设置参数如图 4.87 所示，单击"复制"按钮后，完成的效果如图 4.88 所示。

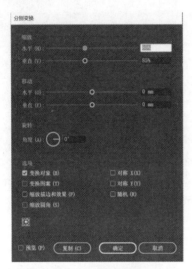

图 4.87　设置参数

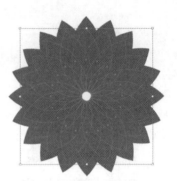

图 4.88　分别变换所得图形

（8）将分别变换之后的图形填充为淡黄色（CMYK：25、10、82、0），效果如图 4.89 所示。选择【对象】→【变换】→【再次变换】命令或按 Ctrl+D 组合键，填充颜色为亮黄色（CMYK：13、0、85、0），效果如图 4.90 所示。

选择【对象】→【变换】→【再次变换】命令或按 Ctrl+D 组合键，填充颜色为白色（CMYK：0、0、0、0），效果如图 4.91 所示。

图 4.89　淡黄色填充

图 4.90　亮黄色填充

图 4.91　白色填充

（9）旋转浅黄色和白色的角度使它们的尖角对准两片叶的夹缝，效果如图 4.92 所示。将所得图形编组。

（10）选择【文字工具】，输入小写的 bp，字体填充深绿色（CMYK：82、26、95、0），字体选择"微软雅黑"，字体样式选择 regular，字体大小选择 24pt。最终完成的效果图如图 4.93 所示。

图 4.92　旋转图形　　　　　　　　　　　　图 4.93　bp 润滑油标志效果图

# 4.5　实战案例——制作插画邮票

1. 任务说明

本任务是制作一款插画邮票，效果如图 4.94 所示。

扫码看视频

图 4.94　插画邮票效果图

2. 任务分析

通过本任务的学习，可以掌握对齐对象分布对象、编组对象的操作技巧。

3. 操作步骤

（1）选择【文件】→【新建】命令或按 Ctrl+N 组合键，在弹出的"新建文档"对话框中设置名称为"插画邮票"，设置宽度为 55mm，高度为 70mm，单击"创建"按钮，完成文档的创建。

（2）选择【矩形工具】，绘制一个宽度为 55mm，高度为 70mm 的矩形，并填充浅橙色（CMYK：6、29、47、0）、无描边。

（3）将矩形和画布对齐之后，按住 Ctrl+2 锁定矩形。

（4）继续选择【矩形工具】，绘制一个宽度为 50mm，高度为 65mm 的矩形，并填充灰白色（CMYK：4、5、10、0）、无描边，效果如图 4.95 所示。

（5）选择【椭圆工具】  ，绘制一个直径为 1mm、白色填充（CMYK：0、0、0、0）、无描边的圆形，效果如图 4.96 所示。

图 4.95　绘制矩形

图 4.96　绘制圆形

（6）选中该圆并复制多个，将所有的圆形选中，执行"水平居中分布"操作，以绘制的第一个圆形为标准执行"顶对齐"操作，将所有的圆形编为一组，如图 4.97 所示。

（7）选中圆形和矩形执行"减去顶层"操作，出现锯齿形状，如图 4.98 所示。同样的方法将矩形的其他三条边绘制为锯齿形状，如图 4.99 所示。

图 4.97　对齐与分布　　　　　　　　　　　　　　　图 4.98　圆形

（8）选择【圆角矩形工具】 ，绘制一个宽度为 50mm，高度为 67mm 的圆角矩形，并填充浅蓝色（CMYK：67、48、15、0）、无描边，与上一个矩形垂直居中对齐，效果如图 4.100 所示。

图 4.99　锯齿

图 4.100　浅蓝背景

（9）选择【椭圆工具】 ，绘制一个圆形，填充白色（CMYK：0、0、0、0）、无描边，并且复制一个，摆放位置如图 4.101 所示。将两个圆形选中，单击"减去顶层"按钮即可得到月亮，效果如图 4.102 所示。

图 4.101　圆形

图 4.102　月亮

（10）选择【矩形工具】 ，绘制一个宽度为 47mm，高度为 10mm 的矩形，并填充褐色（CMYK：70、78、84、54）、无描边，效果如图 4.103 所示。选择【钢笔工具】 ，添加一个锚点，如图 4.104 所示。

图 4.103　绘制矩形

图 4.104　添加锚点

（11）选择【直接选择工具】 ，拖曳锚点，并转换成弧形，如图 4.105 所示。

图 4.105　弧形

（12）选择【多边形工具】 ，绘制一个正三角形，并填充深蓝色（CMYK：93、88、89、80）、无描边，位置如图 4.106 所示。同样运用【直接选择工具】 ，拖曳锚点，并转换成弧形，如图 4.107 所示。

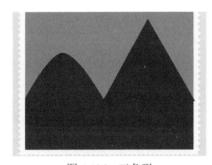

图 4.106　三角形

图 4.107　弧形

（13）选择【椭圆工具】 ，绘制一个圆形，填充褐色（CMYK：70、78、84、54）、无描边，并且复制多个，摆放位置如图 4.108 所示。选择【多边形工具】 ，绘制一个正三角形，填充褐色（CMYK：70、78、84、54）、无描边，摆放位置如图 4.109 所示。

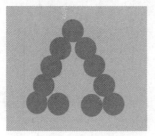

图 4.108　圆形

图 4.109　三角形

（14）选择【矩形工具】 ，绘制一个宽度为 1.5mm，高度为 11mm 的矩形，填充褐色（CMYK：70、78、84、54）、无描边，摆放位置如图 4.110 所示。

（15）将所有部分选中，执行"联集"操作，并且复制一个，缩小，摆放位置如图 4.111 所示。

图 4.110　树

图 4.111　两棵树

（16）选择【多边形工具】 ，绘制四个正三角形，填充深蓝色（CMYK：93、88、89、80）、无描边，效果如图 4.112 所示。选择【矩形工具】 ，绘制一个宽度为 1.5mm，高度为 11mm 的矩形，填充深蓝色（CMYK：93、88、89、80）、无描边，并且执行"联集"操作，效果如图 4.113 所示。

图 4.112　树塔

图 4.113　蓝色树

（17）复制一个蓝色小树，并且缩放至适当大小，摆放在图中位置，然后将山和树编组。效果如图 4.114 所示。

（18）运用【椭圆工具】和【圆角矩形工具】绘制星星，填充白色（CMYK:0、0、0、0）。选择【圆角矩形工具】 ，绘制一个宽度为 50mm，高度为 67mm 的圆角矩形，并填充浅蓝色（CMYK：67、48、15、0）、无描边，将月亮星星与树和山编组，同时选中圆角矩形与编组部分，建立剪切蒙板，完成插画邮票的制作，效果如图 4.115 所示。

图 4.114　山和树

图 4.115　插画邮票

# 本章小结

（1）使用"对齐"面板可以快速有效地对齐或分布多个图形。

（2）"对齐"面板上的"对齐"选项可以设置对齐操作的基准对象，默认为"对齐所选对象"，根据需要可以选择"对齐关键对象"或"对齐画板"。

（3）网格，或者称为栅格系统，是进行版式设计、平面设计、Web 设计的重要工具。使用网格组织、排版信息相当方便，可以在"分割为网格"对话框中设置制作需要的网格。

（4）"编组"命令还可以将几个不同的组合进行进一步的组合，或在组合与对象之间进行进一步的组合，在几个组之间进行组合时，原来的组合并没有消失，它与新得到的组合是嵌套的关系。

# 课后习题

## 一、选择题

1. 怎么让图形 B 以图形 A 为基准进行对齐？（　　　）

　　A．同时选中 A 和 B，打开"对齐"面板进行对齐

　　B．先选 A，再加选 B，再用"对齐"面板进行对齐

　　C．全选 A 和 B，然后再单击 A，再执行对齐

　　D．以上全可以

2. "对齐"面板中的"对齐对象"选项组中包括几种对齐命令按钮（　　　）。

　　A．3 种　　　　　　　B．4 种　　　　　　　C．5 种　　　　　　　D．6 种

3. 选择菜单【视图】→【标尺】→【显示标尺】命令的快捷键为（　　　）。

　　A．Ctrl+P　　　　　B．Ctrl+;　　　　　　C．Ctrl+R　　　　　　D．Ctrl+I

4. 选择菜单【对象】→【编组】命令的快捷键为（　　　）。

　　A．Ctrl+;　　　　　B．Ctrl+"　　　　　　C．Ctrl+G　　　　　　D．Ctrl+R

# 拓展训练

根据本章所学的内容，任选下列案例进行制作。

案例 1：制作手机效果图，如图 4.116 所示。

图 4.116　手机效果图

案例 2：制作房子插画，如图 4.117 所示。

图 4.117　房子插画

# 第5章 颜色填充与描边

本章将介绍 Illustrator CC 2017 中填充工具的使用方法，以及描边和符号的添加与编辑技巧。通过本章的学习，读者可以利用颜色填充和描边功能，绘制出漂亮的图形效果，还可以将需要重复应用的图形制作成符号，以提高工作效率。

- 填充工具的使用方法
- 渐变填充和图案填充的方法
- 渐变网格填充的技巧
- "描边"面板的功能和使用方法
- 符号工具的应用

## 5.1 颜色填充

Illustrator 用于填充的内容包括"色板"面板中的单色对象、图案对象和渐变对象，以及"颜色"面板中的自定义颜色。另外"色板库"提供了多种外挂的色谱、渐变对象和图案对象。

### 5.1.1 填充工具

应用工具箱中的"填色"和"描边"按钮，可以指定所选对象的填充颜色和描边颜色。当单击按钮（快捷键为 X）时，可以切换填色显示框和描边显示框的位置，按 Shift+X 组合键时，可使选定对象的颜色在填充和描边填充之间切换。

在"填色"和"描边"按钮下面有3个按钮，分别是"颜色"按钮、"渐变"按钮和"无"按钮。

### 5.1.2 "颜色"面板

Illustrator 通过"颜色"面板设置对象的填充颜色，单击"颜色"面板右上方的图标，在弹出式菜单中选择当前取色时使用的颜色模式，无论选择哪一种颜色模式，面板中都将显示出相关的颜色内容，如图 5.1 所示。

选择菜单【窗口】→【颜色】命令，弹出"颜色"面板。"颜色"面板上的按钮用来进行填充颜色和描边颜色之间的互相切换，操作方法与工具箱中按钮的使用方法相同。

将光标移动到取色区域，光标变为吸管形状，单击就可以选取颜色。拖曳各个颜色滑块或在各个数值框中输入有效的数值，可以调配出更精确的颜色，如图 5.2 所示。

图 5.1　颜色模式

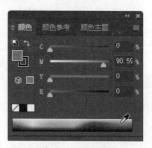

图 5.2　选取颜色

更改或设定对象的描边颜色时，单击选取已有的对象，在"颜色"面板中切换到描边颜色，选取或调配出新颜色，这时新选的颜色将被应用到当前选定对象的描边中。

### 5.1.3　"色板"面板

选择菜单【窗口】→【色板】命令，弹出"色板"面板，在"色板"面板中单击需要的颜色或样本，可以将其选中，如图 5.3 所示。

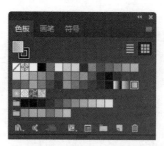

图 5.3　"色板"面板

"色板"面板提供了多种颜色和图案，并且允许添加并存储自定义的颜色和图案。

单击"显示色板类型"菜单按钮，可以使所有的样本显示出来。单击"新建颜色组"按钮，可以新建颜色组。单击"色板选项"按钮，可以打开"色板选项"对话框。"新建色板"按钮用于定义和新建一个新的样本。"删除色板"按钮可以将选定的样本从"色板"面板中删除。

打开素材，单击填色按钮，如图 5.4 所示。选择菜单【窗口】→【色板】命令，弹出"色板"面板，在"色板"面板中单击需要的颜色或图案，可对素材内部进行填充，效果如图 5.5 所示。

图 5.4　素材和填色按钮

图 5.5　填充效果

选择菜单【窗口】→【色板库】命令，可以调出更多的色板库。引入外部色板库，新增的多个色板库都将显示在同一个"色板"面板中。

在"色板"面板左上角的方块标有斜红杠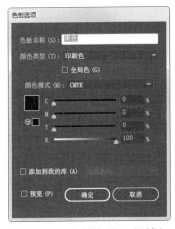，表示无颜色填充。双击"色板"面板中的颜色缩略图，或者单击"色板选项"按钮，会弹出"色板选项"对话框，在该对话框中可以设置颜色属性，如图 5.6 所示。

单击"色板"面板右上方的按钮，在弹出的下拉菜单中选择"新建色板"命令，如图 5.7 所示，可以将选中的某一颜色或样本添加到"色板"面板中，单击"新建色板"按钮也可以添加新的颜色或样本到"色板"面板中。

图 5.6　"色板选项"对话框

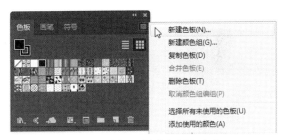

图 5.7　选择"新建色板"命令

除"色板"面板中默认的样本外，在"色板库"中还提供了多种色板。选择【窗口】→【色板库】命令或单击"色板"面板左下角的"色板库菜单"按钮，可以看到在其子菜单中还包括不同的样本供用户选择使用。当选择【窗口】→【色板库】→【其他库】命令时，会弹出对话框，可以将其他文件中的色板样本、渐变样本和图案样本导入到"色板"面板中。

"色板"面板具有搜索功能，可以键入颜色名称或输入 CMYK 颜色值进行搜索。"查找栏"在默认情况下不启用，单击"色板"面板右上方的按钮，在弹出的下拉菜单中选择"显示查找栏位"命令，面板上方将显示查找选项。

## 5.2　渐变填充

渐变填充是指两种或多种不同颜色在同一条直线上逐渐过渡填充。建立渐变填充有多种方法，可以使用【渐变工具】，也可以使用"渐变"面板和"颜色"面板来设置选定对象的渐变颜色，还可以使用"色板"面板中的渐变样本。

### 5.2.1　创建渐变填充

选择绘制好的图形，如图 5.8 所示。单击工具箱下部的【渐变按钮】，对图形进行渐变填充，效果如图 5.9 所示。选择【渐变工具】，在图形需要的位置单击设定渐变的起点并按住鼠标左键拖曳，再次单击确定渐变的终点，如图 5.10 所示，渐变填充的效果如图 5.11 所示。

图 5.8　选择图形　　　　图 5.9　渐变填充　　　　图 5.10　设置渐变起点终点　　　图 5.11　渐变填充效果

在"色板"面板中单击需要的渐变样本，对图形进行渐变填充，效果如图 5.12 所示。在工具箱下方选择"描边"按钮，再在"色板"面板中单击需要的渐变样本，将渐变填充到图形的描边上，效果如图 5.13 所示。

图 5.12　渐变样本填充　　　　　　　　　　　　　　图 5.13　渐变描边填充

### 5.2.2　"渐变"面板

在"渐变"面板中可以设置渐变参数，可选择"线性"和"径向"渐变，设置渐变的起始、中间和终止颜色，还可以设置渐变的位置和角度。

选择菜单【窗口】→【渐变】命令，弹出"渐变"面板，如图 5.14 所示。从"类型"选项的下拉列表中可以选择"径向"或"线性"渐变方式，图 5.14 为"线性"渐变类型，"径向"渐变方式如图 5.15 所示。

图 5.14　"渐变"面板　　　　　　　　　　　　　图 5.15　"径向"渐变

在"角度"选项的数值框中显示当前的渐变角度，在下拉菜单中选择或者重新输入数值后按 Enter 键，可以精确改变渐变的角度，如图 5.16 所示。

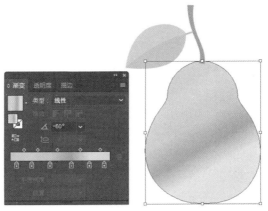

图 5.16    改变渐变角度

单击"渐变"面板下面的颜色滑块，在"位置"选项的数值框中显示出该滑块在渐变颜色中颜色位置的百分比，如图 5.17 所示，拖动该滑块，改变该颜色的位置，即改变颜色的渐变梯度，如图 5.18 所示。

图 5.17    颜色位置百分比

图 5.18    改变颜色位置

在渐变色谱条底边单击，可以添加一个颜色滑块，如图 5.19 所示，在"颜色"面板中调配颜色，如图 5.20 所示，可以改变添加的颜色滑块的颜色，如图 5.21 所示。

图 5.19    添加颜色滑块

图 5.20    调配颜色

选中颜色滑块，再单击渐变条右侧的图标，可以删除选中的颜色滑块，如图 5.22 所示，也可用鼠标按住颜色滑块不放并将其拖出到"渐变"面板外进行删除。

图 5.21　添加颜色滑块效果

图 5.22　删除颜色滑块

### 5.2.3　渐变填充的样式

1. 线性渐变填充

线性渐变填充是一种比较常用的渐变填充方式，通过"渐变"面板可以精确地指定线性渐变的起始和终止颜色，还可以调整渐变方向，通过调整中心点的位置可以生成不同的颜色渐变效果。

选择绘制好的图形如图 5.23 所示，双击【渐变工具】🔲或选择菜单【窗口】→【渐变】命令（组合键为 Ctrl+F9），弹出"渐变"面板。

在"渐变"面板色谱条中显示程序默认的白色到黑色的线性渐变样式，如图 5.24 所示。在"渐变"面板的"类型"选项的下拉列表中选择"线性"渐变类型，如图 5.25 所示，图形将被线性渐变填充，效果如图 5.26 所示。

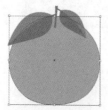

图 5.23　选择图形

图 5.24　"渐变"面板

图 5.25　"线性"渐变

图 5.26　线性渐变填充效果

单击"渐变"面板中的起始颜色滑块🔒，如图 5.27 所示，然后在"颜色"面板中调配所需的颜色，设置好渐变的起始颜色，效果如图 5.28 所示。再单击终止颜色滑块🔒，设置渐变的终止颜色，效果如图 5.29 所示，图形的线性渐变填充效果如图 5.30 所示。

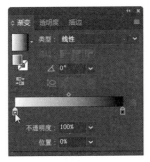

图 5.27　选择起始颜色滑块

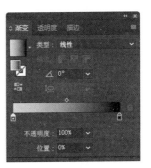

图 5.28　设置起始颜色

图 5.29　设置终止颜色

图 5.30　线性渐变填充效果

　　拖动色谱条上边的控制滑块，可以改变颜色的渐变位置，如图 5.31 所示。"位置"数值框中的数值也会随之发生变化，设置"设置"数值框中的数值也可以改变颜色的渐变位置，图形的线性渐变填充效果也将改变，如图 5.32 所示。

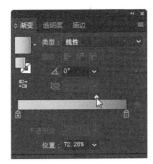

图 5.31　拖动控制滑块

图 5.32　改变线性渐变填充效果

　　如果要改变颜色渐变的方向，可选择【渐变工具】，直接在图形中拖曳即可。当需要精确地改变渐变方向时，可通过"渐变"面板中的"角度"选项来控制图形的渐变方向。

2. 径向渐变填充

　　径向渐变填充是 Illustrator 的另一种渐变填充类型，它与线性渐变填充不同，是从起始颜色以圆的形式向外发散，逐渐过渡到终止颜色。它的起始颜色和终止颜色以及渐变填充中心点的位置均可以改变，使用径向渐变填充，可以生成多种渐变填充效果。

　　选择绘制好的图形，如图 5.33 所示，双击【渐变工具】□或选择菜单【窗口】→【渐变】

命令（组合键为 Ctrl+F9），弹出"渐变"面板。在"渐变"面板色谱条中，显示程序默认的白色到黑色的线性渐变样式。在"渐变"面板"类型"选项的下拉列表中选择"径向"渐变类型，如图 5.34 所示，图形将被径向渐变填充，效果如图 5.35 所示。

图 5.33　选择图形

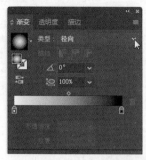

图 5.34　"径向"渐变

图 5.35　径向渐变填充效果

单击"渐变"面板中的起始颜色滑块█或终止颜色滑块█，然后在"颜色"面板中调配颜色，即可改变图形的渐变颜色，效果如图 5.36 所示，拖动色谱条上边的控制滑块，可以改变颜色的中心渐变位置，效果如图 5.37 所示，使用【渐变工具】绘制可改变径向渐变的中心位置，效果如图 5.38 所示。

图 5.36　改变渐变颜色

图 5.37　改变颜色的中心渐变位置

图 5.38　改变径向渐变的中心位置

### 5.2.4　使用渐变库

除了"色板"面板中提供的渐变样式外，Illustrator 还提供了一些渐变库。选择【窗口】→【色板库】→【其他库】命令，弹出"打开"对话框，在"色板"/"渐变"文件夹内包含了系统提供的渐变库，如图 5.39 所示，可以选择不同的渐变库，选择后单击"打开"按钮，打开"石头和砖块"渐变库的效果如图 5.40 所示。

图 5.39　打开渐变库

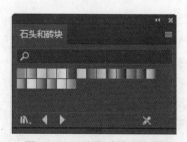

图 5.40　石头和砖块渐变库

# 5.3　图案填充

图案填充是绘制图形的重要手段，使用合适的图案填充可以使绘制的图形更加生动形象。

## 5.3.1　使用图案填充

选择【窗口】→【色板库】→【图案】命令，可以选择自然、装饰等多种图案填充图形，如图 5.41 所示。

绘制一个图形，如图 5.42 所示，在工具箱下方选择"填充"按钮，在"色板"面板中单击选择需要的图案，将图案填充到图形的内部，效果如图 5.43 所示。

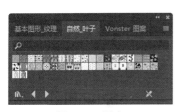

图 5.41　图案

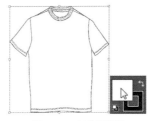

图 5.42　绘制图形

图 5.43　图案填充效果

在工具箱下方选择"描边"按钮，然后在"色板"面板中选择需要的图案，如图 5.44 所示，将图案填充到图形的描边上，效果如图 5.45 所示。

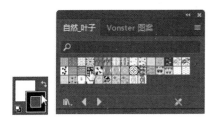

图 5.44　选择描边，选择图案

图 5.45　描边图案填充

## 5.3.2　创建图案填充

在 Illustrator 中可以将基本图形定义为图案。

绘制 3 个苹果图形，如图 5.46 所示，同时选取这 3 个图形，选择【对象】→【图案】→【建立】命令，弹出提示框和"图案选项"面板，如图 5.47 所示，单击提示框中的"确定"按钮，页面进入图案编辑模式，在面板中可以设置图案的名称、宽度、高度和重叠方式等，设置完成后，单击页面左上方的"完成"按钮，定义的图案就添加到"色板"面板中了，效果如图 5.48 所示。

在"色板"面板中单击新定义的图案并将其拖曳到页面上，如图 5.49 所示，选择【对象】→【取消编组】命令，取消图案组合，可以重新编辑图案，效果如图 5.50 所示。选择【对象】→【编组】命令，将新编辑的图案组合，将图案拖曳到"色板"面板中，这样就在"色板"面板中添加了新定义的图案，如图 5.51 所示。

图 5.46　绘制图形

图 5.47　"图案选项"面板

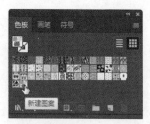

图 5.48　添加图案到"色板"面板

图 5.49　拖曳到页面

图 5.50　重新编辑图案

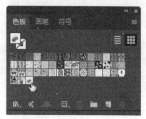

图 5.51　添加新图案到"色板"面板

使用【矩形工具】绘制一个矩形，在"色板"面板中分别单击新定义的图案，图案填充效果如图 5.52 所示。

图 5.52　图案填充效果

### 5.3.3　使用图案库

除了在"色板"面板中提供的图案外，Illustrator 还提供了一些图案库。选择【窗口】→【色板库】→【其他库】命令，弹出"打开"对话框，在"色板"/"图案"文件夹中包含了系统提供的图案库，如图 5.53 所示，可以选择不同的图案库，选择后单击"打开"按钮，"自然_动物皮"图案库的打开效果如图 5.54 所示。

图 5.53　打开图案库

图 5.54　自然_动物皮图案库

# 5.4　渐变网格填充

应用渐变网格功能可以制作出图形颜色细微之处的变化，并且易于控制图形颜色。使用渐变网格可以对图形应用多个方向、多种颜色的渐变填充。

## 5.4.1　建立渐变网格

**1．使用网格工具建立渐变网格**

使用【矩形工具】绘制一个矩形并保持其被选取状态，如图 5.55 所示，选择【网格工具】，在矩形中单击，将矩形建立为渐变网格对象，在矩形中增加了横、竖两条线交叉形成的网格，如图 5.56 所示，继续在矩形中单击，可以增加新的网格，效果如图 5.57 所示。在网格中，横、竖两条线交叉形成的点就是网格点，横、竖线就是网格线。

图 5.55　选取矩形　　　　图 5.56　建立渐变网格　　　　图 5.57　添加新的网格

**2．使用创建渐变网格命令创建渐变网格**

使用【矩形工具】绘制一个矩形并保持其被选取状态，选择【对象】→【创建渐变网格】命令，弹出"创建渐变网格"对话框，如图 5.58 所示，设置数值后，单击"确定"按钮，可以为图形创建渐变网格，效果如图 5.59 所示。

图 5.58　"创建渐变网格"对话框　　　　图 5.59　创建渐变网格

在"创建渐变网格"对话框中，在"行数"选项的数值框中可以输入水平方向网格线的行数；在"列数"选项的数值框中可以输入垂直方向网格线的列数；在"外观"选项的下拉列表中可以选择创建渐变网格后图形高光部位的表现方式，有平淡色、至中心和至边缘 3 种方式可供选择；在"高光"选项的数值框中可以设置高光处的强度，当数值为 0 时，图形没有高光点，而是均匀的颜色填充。

## 5.4.2　编辑渐变网格

**1．添加网格点**

选择绘制好的图形，如图 5.60 所示，选择【网格工具】，在图形中单击，建立渐变网格对象，如图 5.61 所示。在图形中的其他位置再次单击，可以添加网格点，如图 5.62 所示，同时添加了网格线，在网格线上再次单击可以继续添加网格点，如图 5.63 所示。

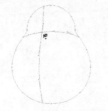

图 5.60　选择图形　　　图 5.61　建立渐变网格　　　图 5.62　添加网格点　　　图 5.63　继续添加网格点

**2．删除网格点**

使用【网格工具】，在按住 Alt 键的同时单击网格点，如图 5.64 所示，即可将网格点删除，效果如图 5.65 所示。

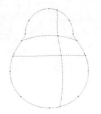

图 5.64　删除网格点　　　　　　　　　　　图 5.65　删除网格点效果

**3．编辑网格颜色**

使用【直接选择工具】单击选中网格点，如图 5.66 所示，在"色板"面板或"颜色"面板中单击需要的颜色，可以为网格点填充颜色，效果如图 5.67 所示。

使用【直接选择工具】单击选中网格，如图 5.68 所示，在"色板"面板或"颜色"面板中单击需要的颜色，可以为网格填充颜色，效果如图 5.69 所示。

图 5.66　选中网格点　　　图 5.67　网格点填充颜色　　　图 5.68　选中网格　　　图 5.69　网格填充颜色

选择【网格工具】或【直接选择工具】，用鼠标点住网格点并拖曳，可以移动网格点，效果如图 5.70 所示。拖曳网格点的控制手柄可以调节网格线，效果如图 5.71 所示，渐变网格的填充效果如图 5.72 所示。

图 5.70　移动网格点　　　图 5.71　调节网格线　　　图 5.72　渐变网格填充效果

扫码看视频

### 5.4.3　实战案例——绘制水果

**1．任务说明**

本任务是绘制苹果，效果如图 5.73 所示。

图 5.73　苹果效果

**2．任务分析**

通过本任务的学习，可以掌握钢笔工具、网格工具和渐变工具的使用。

**3．操作步骤**

（1）选择【文件】→【新建】命令，在新建窗口中设置绘图页大小为 1366px*768px，取向为横向，颜色模式为 CMYK，单击"确定"按钮。

（2）选择工具栏中的【钢笔工具】 ，无填充无描边，勾勒出如图 5.74 所示的路径。填充红色"#ad2d2d"，无描边。效果如图 5.75 所示。

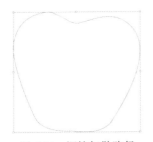

图 5.74　钢笔勾勒路径

图 5.75　填充红色

（3）选择工具栏中的【选择工具】 ，选中苹果路径，选择菜单【对象】→【创建渐变网格】命令，弹出"创建渐变网格"对话框，创建一个 4 行 5 列的渐变网格，单击"确定"按钮，如图 5.76 所示。效果如图 5.77 所示。

图 5.76　"创建渐变网格"对话框

图 5.77　渐变网格效果

（4）选择工具栏中的【直接选择工具】 ，选中锚点进行调整。按住 Shift 键同时选中如图 5.78 所示的锚点后，将属性栏内的不透明度修改为 80%。效果如图 5.79 所示。

（5）选择工具栏中的【直接选择工具】 ，选中如图 5.80 所示的锚点后，将属性栏内的不透明度修改为 50%。选择工具栏中的【网格工具】 ，单击边缘路径，新增网格。效果如图 5.81 所示。

图 5.78　选中锚点

图 5.79　高亮效果

图 5.80　选中锚点

图 5.81　高亮效果

（6）选择工具栏中的【直接选择工具】 ，选中如图 5.82 所示的锚点后，填充红色"#8c2828"。效果如图 5.83 所示。

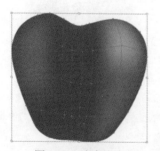

图 5.82　选中锚点

图 5.83　增加阴影效果

（7）选择工具栏中的【钢笔工具】 ，无填充无描边，勾勒出如图 5.84 所示的路径。

图 5.84　钢笔勾勒路径

（8）选择工具栏中的【渐变工具】 ，双击该工具，在弹出的"渐变"面板"类型"下

拉列表框中选择"线性"，双击渐变滑块为矩形添加渐变色。左滑块添加"#d52d2d"，右滑块
添加灰色"#9c2d2d"，如图 5.85 所示。效果如图 5.86 所示。

图 5.85　"渐变"对话框

图 5.86　渐变效果图

（9）选择工具栏中的【钢笔工具】 ，无填充无描边，勾勒出如图 5.87 所示的路径。填
充红色"#ad2d2d"，无描边。效果如图 5.88 所示。

图 5.87　钢笔勾勒路径

图 5.88　勾勒填充苹果梗

（10）选择工具栏中的【选择工具】 ，选中苹果梗，选择菜单【对象】→【创建渐变
网格】命令，弹出"创建渐变网格"对话框，创建一个 1 行 5 列的渐变网格，单击"确定"按
钮，如图 5.89 所示。效果如图 5.90 所示。

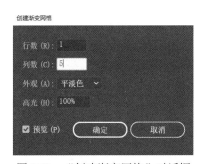

图 5.89　"创建渐变网格"对话框

图 5.90　渐变网格效果

（11）选择工具栏中的【直接选择工具】 ，按住 Shift 键选中上下两个锚点填充颜色，
填充后给人一种渐变的效果即可。选择工具栏中的【选择工具】 ，选中苹果梗，拖曳到合
适位置放置。效果如图 5.91 所示。

（12）苹果最终效果图如图 5.92 所示。

图 5.91　苹果梗填充颜色

图 5.92　苹果效果图

# 5.5　编辑描边

描边其实就是对象的描边线，对描边进行填充时还可以对其进行一定的设置，如更改描边的形状、粗细以及设置为虚线描边等。

### 5.5.1　使用"描边"面板

选择菜单【窗口】→【描边】命令（组合键为 Ctrl+F10），弹出"描边"面板，如图 5.93 所示。"描边"面板主要用来设置对象的描边属性，如粗细、形状等。

图 5.93　"描边"面板

在"描边"面板中，"粗细"选项用于设置描边的宽度。"端点"选项组用于指定描边各线段的首端和尾端的形状样式，它有平头端点■、圆头端点■和方头端点■ 3 种不同的端点样式。"边角"选项组用于指定一段描边的拐点，即描边的拐角形状，它有 3 种不同的拐角接合形式，分别为斜接连接■、圆角连接■和斜角连接■。"限制"选项用于设置斜角的长度，它将决定描边沿路径改变方向时伸展的长度。"对齐描边"选项组用于设置描边与路径的对齐方式，分别为使描边居中对齐■、使描边内侧对齐■和使描边外侧对齐■。勾选"虚线"复选框可以创建描边的虚线效果。

### 5.5.2　设置描边的粗细

当需要设置描边的宽度时，要用到"粗细"选项，可以在其下拉列表中选择合适的粗细，也可以直接输入合适的数值。使用【星形工具】绘制一个星形并保持其被选取状态，单击工具箱下方的"描边"按钮，效果如图 5.94 所示。在"描边"面板"粗细"选项的下拉列表中选择需要的描边粗细值，或直接输入合适的数值，这里设置的粗细数值为 20pt，如图 5.95 所示，星形的描边粗细被改变，效果如图 5.96 所示。

图 5.94　选择星形，选择描边　　图 5.95　设置描边粗细　　图 5.96　描边粗细效果

当要更改描边的单位时，可选择【编辑】→【首选项】→【单位】命令，弹出"首选项"对话框，如图 5.97 所示，可以在"描边"选项的下拉列表中选择需要的描边单位。

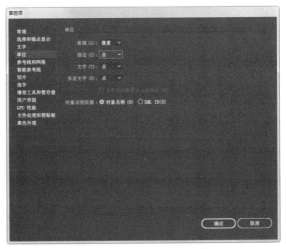

图 5.97　"首选项"对话框

### 5.5.3　设置描边的填充

保持星形被选取的状态，效果如图 5.98 所示。在"颜色"面板中调配所需的颜色，如图 5.99 所示，或双击工具箱下方的"描边填充"按钮，弹出"拾色器"对话框，如图 5.100 所示，在对话框中可以调配所需的颜色，对象描边的颜色填充效果如图 5.101 所示。

图 5.98　选取星形

图 5.99　调配颜色

图 5.100　"拾色器"对话框

图 5.101　描边颜色填充效果

　　保持星形被选取的状态，在"色板"面板中单击选取所需的渐变样本，也可以使用"渐变"面板和"颜色"面板设置渐变效果，对象描边的渐变填充效果如图 5.102 和图 5.103 所示。

图 5.102　描边渐变填充效果 1

图 5.103　描边渐变填充效果 2

　　保持星形被选取的状态，在"色板"面板中单击选取所需的图案样本，图案填充效果如图 5.104 所示，使用前例中自定义的图案填充效果如图 5.105 所示。

图 5.104　描边图案填充效果

图 5.105　描边自定义图案填充效果

### 5.5.4　编辑描边的样式

**1. 设置"端点"和"边角"选项**

端点是指一段描边的首端和末端，可以为描边的首端和末端选择不同的端点样式来改变描边端点的形状。使用【弧形工具】绘制一段弧线，单击"描边"面板中的 3 个不同端点样式的按钮，选定的端点样式会应用到选定的描边中，如图 5.106 所示依次分别是平头端点、圆头端点、方头端点。

图 5.106　不同端点样式

边角是指一段描边的拐点，边角样式是指描边拐角处的形状。该选项有斜接连接、圆角连接和斜角连接 3 种不同的转角接合样式。选定对象的描边，单击"描边"面板中的 3 个不同转角接合样式按钮，选定的转角接合样式会应用到选定的描边中，如图 5.107 所示，分别为斜接连接、圆角连接和斜角连接的效果。

图 5.107　不同边角样式

2. 设置"虚线"选项

勾选"虚线"复选框，数值框被激活，虚线选项里包括 6 个数值框，如图 5.108 所示，第一个数值框默认的虚线值为 2pt。

图 5.108　设置虚线选项

"虚线"选项用来设定每一段虚线段的长度，数值框中输入的数值越大，虚线的长度就越长，反之虚线的长度就越短，设置不同虚线长度值的描边效果如图 5.109 所示。

"间隙"选项用来设定虚线段之间的距离，输入的数值越大，虚线段之间的距离就越大，反之虚线段之间的距离就越小，设置不同虚线间隙的描边效果如图 5.110 所示。

图 5.109  不同虚线长度值的描边效果

图 5.110  不同虚线间隙的描边效果

### 3. 设置"箭头"选项

在"描边"面板中有两个可供选择的下拉列表按钮 箭头: ，左侧的是"路径起点的箭头"，右侧的是"路径终点的箭头"。选中要添加箭头的曲线，如图 5.111 所示，单击"起始箭头"按钮，弹出"起始的箭头"下拉列表框，单击需要的箭头样式，如图 5.112 所示，曲线的起始点会出现选择的箭头，效果如图 5.113 所示。单击"终点的箭头"按钮，弹出"终点箭头"下拉列表框，单击需要的箭头样式，如图 5.114 所示，曲线的终点会出现选择的箭头，效果如图 5.115 所示。

图 5.111  选中曲线

图 5.112  选择开始箭头样式

图 5.113  开始箭头样式效果

图 5.114  选择终点箭头样式

图 5.115  终点箭头样式效果

"互换箭头起始处和结束处"按钮 可以互换起始箭头和终点箭头。选中曲线，在"描边"面板中单击"互换箭头起始处和结束处"按钮，如图 5.116 所示，互换后的效果如图 5.117 所示。

图 5.116  单击"互换箭头起始处和结束处"按钮

图 5.117  互换后的效果

在"缩放"选项  中，左侧的是"箭头起始处的缩放因子"按钮，右侧的是"箭头结束处的缩放因子"按钮，设置需要的数值，可以缩放曲线的起始箭头和结束箭头的大小。选中要缩放的曲线如图 5.118 所示，单击"箭头起始处的缩放因子"按钮，将"箭头起始处的缩放因子"设置为 150，如图 5.119 所示，效果如图 5.120 所示。单击"箭头结束处的缩放因子"按钮，将"箭头结束处的缩放因子"设置为 50，效果如图 5.121 所示。

图 5.118　选中曲线　　　　图 5.119　设置"箭头起始处的缩放因子"为 150

图 5.120　箭头起始处缩放效果　　　　图 5.121　箭头结束处缩放效果

单击"缩放"选项右侧的"链接箭头起始处和结束处缩放"按钮 ，可以同时改变起始箭头和结束箭头的大小。

在"对齐"选项中，左侧的是"将箭头提示扩展到路径终点外"按钮，右侧的是"将箭头提示放置于路径终点处"按钮，这两个按钮分别可以用来设置箭头在终点以外和箭头在终点处。选中曲线，单击"将箭头提示扩展到路径终点外"按钮，如图 5.122 所示，效果如图 5.123 所示。单击"将箭头提示放置于路径终点处"按钮，箭头在终点处显示，效果如图 5.124 所示。

图 5.122　单击"将箭头提示扩展到路径终点外"按钮

图 5.123　箭头提示扩展到路径终点外效果　　　　图 5.124　箭头提示放置于路径终点处效果

在"配置文件"选项中，单击"宽度配置文件"按钮，弹出宽度配置文件下拉列表，如图 5.125 所示，在下拉列表中选中任意一个宽度配置文件可以改变曲线描边的形状。选中曲线，如图 5.126 所示，单击"宽度配置文件"按钮，在弹出的下拉列表中选中"宽度配置文件 4"，设置完成的效果如图 5.127 所示。

图 5.125　宽度配置文件下拉列表

图 5.126　选中曲线　　　　　　　　　　图 5.127　曲线描边形状效果

在"配置文件"选项右侧有两个按钮分别是"纵向翻转"按钮 和"横向翻转"按钮 ，单击"纵向翻转"按钮，可以改变曲线描边的左右位置，单击"横向翻转"按钮，可以改变曲线描边的上下位置。

# 5.6　使用符号

符号是一种能存储在"符号"面板中，并且在一个插图中可以多次重复使用的对象，Illustrator 提供了"符号"面板，专门用来创建、存储和编辑符号。

当需要在一个插图中多次制作同样的对象，并需要对对象进行多次类似的编辑操作时，可以使用符号来完成。这样可以大大提升效率，节省时间。例如，在一个网站设计中多次应用到一个按钮的图样，这时就可以将这个按钮的图样定义为符号范例，这样可以对按钮符号进行多次重复使用。利用符号体系工具组中的相应工具可以对符号范例进行各种编辑操作，"符号"面板如图 5.128 所示。

在插图中，如果应用了符号集合，那么当使用选择工具选取符号范例时，则将整个符号集合同时选中。此时被选中的符号集合只能被移动而不能被编辑。

图 5.128　"符号"面板

## 5.6.1　"符号"面板

"符号"面板具有创建、编辑和存储符号的功能，单击面板右上方的图标 ，弹出下拉菜单，如图 5.129 所示。在"符号"面板下方有 6 个按钮。

图 5.129　"符号"面板下拉菜单

"符号库菜单"按钮 ，包含了多种符号库，可以选择调用。

"置入符号实例"按钮 ，将当前选中的一个符号范例放置在页面的中心。

"断开符号链接"按钮 ，将添加到插图中的符号范例与"符号"面板断开链接。

"符号选项"按钮▦，单击该按钮可以打开"符号选项"对话框，并进行设置。

"新建符号"按钮▦，单击该按钮可以将选中的要定义为符号的对象添加到"符号"面板中。

"删除符号"按钮▦，单击该按钮可以删除"符号"面板中被选中的符号。

### 5.6.2 创建和应用符号

#### 1. 创建符号

在"符号"面板中，单击"新建符号"按钮▦，弹出"符号选项"对话框，如图 5.130 所示，设置确认后，可以将选中的对象添加到"符号"面板中成为符号。如图 5.131 所示，将选中的对象直接拖曳到"符号"面板中也可以创建符号。

图 5.130　"符号选项"对话框

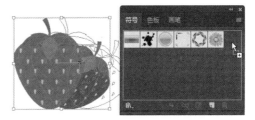

图 5.131　创建符号

#### 2. 应用符号

在"符号"面板中选中需要的符号，直接将其拖曳到当前插图中，得到一个符号范例，如图 5.132 所示。选择【符号喷枪工具】▦可以同时创建多个符号范例，并且可以将它们作为一个符号集合。

图 5.132　符号范例

### 5.6.3 使用符号工具

Illustrator 工具箱的符号工具组中提供了 8 个符号工具，展开的符号工具组如图 5.133 所示。

【符号喷枪工具】▦，创建符号集合，可以将"符号"面板中的符号对象应用到插图中。

【符号移位器工具】▦，移动符号范例。

【符号紧缩器工具】▦，对符号范例进行锁紧变形。

【符号缩放器工具】 ，对符号范例进行放大操作，按住 Alt 键，可以对符号范例进行缩小操作。

【符号旋转器工具】 ，对符号范例进行旋转操作。

【符号着色器工具】 ，使用当前颜色为符号范例填色。

【符号滤色器工具】 ，增加符号范例的透明度。按住 Alt 键，可以减小符号范例的透明度。

【符号样式器工具】 ，将当前样式应用到符号范例中。

设置符号工具的属性，双击任意一个符号工具将弹出"符号工具选项"对话框，如图 5.134 所示。

图 5.133　符号工具组

图 5.134　"符号工具选项"对话框

"直径"选项，设置笔刷直径的数值，这时的笔刷指的是选取符号工具后光标的形状。

"强度"选项，设定拖曳鼠标时符号范例随鼠标变化的速度，数值越大，被操作的符号范例变化越快。

"符号组密度"选项，设定符号集合中包含符号范例的密度，数值越大，符号集合所包含的符号范例的数目就越多。

"显示画笔大小及强度"复选框，勾选该复选框，在使用符号工具时可以看到笔刷；不勾选该复选框则隐藏笔刷。

使用符号工具应用符号的具体操作如下：

选择【符号喷枪工具】 ，光标将变成一个中间有喷壶的图形，如图 5.135 所示，在"符号"面板中选取一种符号对象，如图 5.136 所示。

在页面上按住鼠标左键不放并拖曳光标，【符号喷枪工具】将沿着拖曳的轨迹喷射出多个符号范例，这些符号范例将组成一个符号集合，如图 5.137 所示。

图 5.135　符号喷枪

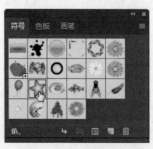

图 5.136　选取符号

图 5.137　符号集合

选中符号集合，选择【符号移位器工具】 ![icon]，将光标移到要移动的符号范例上按住鼠标左键不放并拖曳光标，在光标之中的符号范例将随其移动，如图 5.138 所示。

选中符号集合，选择【符号紧缩器工具】 ![icon]，将光标移到要紧缩的符号范例上，按住鼠标左键不放并拖曳光标，符号范例被紧缩，如图 5.139 所示。

图 5.138　符号移位

图 5.139　符号紧缩

选中符号集合，选择【符号缩放器工具】 ![icon]，将光标移到要调整的符号范例上，按住鼠标左键不放并拖曳光标，在光标之中的符号范例将变大，按住 Alt 键则可缩小符号范例，如图 5.140 所示。

选中符号集合，选择【符号旋转器工具】 ![icon]，将光标移到要旋转的符号范例上，按住鼠标左键不放并拖曳光标，在光标之中的符号范例将发生旋转，如图 5.141 所示。

图 5.140　符号缩放

图 5.141　符号旋转

在"色板"面板或"颜色"面板中设定一种颜色作为当前色，选中符号集合，选择【符号着色器工具】 ![icon]，将光标移到要填充颜色的符号范例上，按住鼠标左键不放并拖曳光标，在光标中的符号范例被填充上当前色，如图 5.142 所示。

选中符号集合，选择【符号滤色器工具】 ![icon]，将光标移到要改变透明度的符号范例上，按住鼠标左键不放并拖曳光标，在光标中的符号范例的透明度将被增大，如图 5.143 所示。按住 Alt 键则可减小符号范例的透明度。

图 5.142　符号着色

图 5.143　符号滤色

选中符号集合，选择【符号样式器工具】 ![icon]，在"图形样式"面板中选中一种样式，将光标移到要改变样式的符号范例上，按住鼠标左键不放并拖曳光标，在光标中的符号范例将被改变样式，如图 5.144 所示。

选中符号集合，选择【符号喷枪工具】 ![icon]，按住 Alt 键，在要删除的符号范例上按住鼠标左键不放并拖曳光标，光标经过区域中的符号范例将被删除，如图 5.145 所示。

图 5.144  符号样式

图 5.145  删除符号范例

### 5.6.4  实战案例——绘制新年贺卡

**1. 任务说明**

本任务是制作新年贺卡，效果如图 5.146 所示。

扫码看视频

图 5.146  新年贺卡效果

**2. 任务分析**

通过本任务的学习，可以掌握渐变填充的方法、符号工具的使用。

**3. 操作步骤**

（1）选择【文件】→【新建】命令，在新建窗口中设置绘图页大小为 595px*405px，取向为横向，颜色模式为 CMYK，单击"确定"按钮。

（2）选择工具栏中的【矩形工具】▣，绘制一个与页面大小相等的矩形。设置描边色为无。效果如图 5.147 所示。

（3）选择工具栏中的【渐变工具】▣，双击该工具，在弹出的"渐变"面板"类型"下拉列表框中选择"径向"，双击渐变滑块为矩形添加渐变色。左滑块添加"#fbb03b"，右滑块添加灰色"#ed1b24"，如图 5.148 所示。效果如图 5.149 所示。

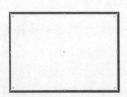

图 5.147  绘制矩形

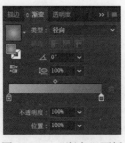

图 5.148  "渐变"面板

图 5.149  渐变效果图

（4）选择工具栏中的【矩形工具】█，在绘图页中单击鼠标左键，弹出"矩形"对话框，设置"宽度"为 555px，"高度"为 365px，如图 5.150 所示。无填充，设置描边色为"#ffe600"，描边为 1pt，在属性栏内，画笔定义下拉列表中，选择"金属"。效果如图 5.151 所示。

图 5.150　"矩形"对话框　　　　　　　　　图 5.151　渐变效果图

（5）对新建的矩形执行【效果】→【风格化】→【投影】命令，设置模式正常，不透明度 100%，X 位移 2px，Y 位移 2px，模糊 0px，单击"确定"按钮，如图 5.152 所示。效果如图 5.153 所示。

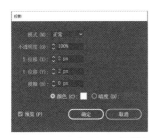

图 5.152　"投影"对话框　　　　　　　　　图 5.153　渐变效果图

（6）选择【窗口】→【符号】→【打开符号库】→【庆祝】命令，弹出"庆祝"面板，选择符号"焰火"，如图 5.154 所示。拖曳焰火符号至画板中合适的位置并调整其大小，双击焰火符号，在弹出的对话框内确定编辑符号定义，填充黄色"#ffe600"，或白色。效果如图 5.155 所示。

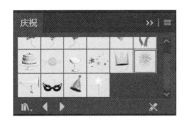

图 5.154　"庆祝"面板　　　　　　　　　　图 5.155　添加焰火符号

（7）选择工具栏中的【文字工具】█，添加英文字体，填充白色，无描边。选择【窗口】→【文字】→【字符】命令，弹出"字符"面板，选择字体 Gabriola，字体大小 52pt，如图 5.156 所示。效果如图 5.157 所示。

（8）选择工具栏中的【文字工具】█，添加中文字体，填充黄色"#ffe600"，无描边。"字符"面板内，选择字体"汉仪雪君体繁"，字体大小 72pt，如图 5.158 所示。效果如图 5.159 所示。

图 5.156　"字符"面板

图 5.157　添加英文文字

图 5.158　"字符"面板

图 5.159　添加中文文字

（9）对新建的矩形执行【效果】→【风格化】→【投影】命令，设置模式正常，不透明度 100%，X 位移 2px，Y 位移 2px，模糊 0px，单击"确定"按钮，如图 5.160 所示。效果如图 5.161 所示。

图 5.160　"投影"对话框

图 5.161　添加投影效果

（10）选择【窗口】→【符号】→【打开符号库】→【庆祝】命令，弹出"庆祝"面板，选择符号"宝石"，如图 5.162 所示。拖曳宝石符号至画板中合适的位置并调整其大小。效果如图 5.163 所示。

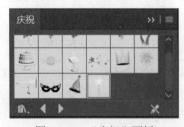

图 5.162　"庆祝"面板

图 5.163　添加宝石符号

（11）选择【文件】→【置入】命令，弹出"置入"对话框，打开"ch05/素材/制作贺卡"，选择"鞭炮"图片。单击"置入"按钮，将图片置入到页面中，单击属性栏中"嵌入"按钮，嵌入图片。调整图片大小并拖曳到合适的位置。效果如图 5.164 所示。

（12）对新建的矩形执行【效果】→【风格化】→【投影】命令，设置模式正常，不透明度 100%，X 位移 2px，Y 位移 2px，模糊 0px，单击"确定"按钮，效果如图 5.165 所示。

图 5.164    置入图片

图 5.165    添加投影效果

（13）新年贺卡最终效果如图 5.166 所示。

图 5.166    新年贺卡效果

# 本章小结

（1）Illustrator 中常用的色彩模式有 RGB 模式、CMYK 模式、灰度模式等。RGB 模式源于有色光的三原色原理，它是一种加色模式，通过红、绿、蓝 3 种颜色相叠加而产生更多的颜色。CMYK 模式主要应用在印刷领域，它通过反射某些颜色的光并吸收另外一些颜色的光来产生不同的颜色，是一种减色模式。CMYK 代表了印刷上用的 4 种油墨。

（2）"色板"面板中包括颜色、色调、渐变和图案，和文档有关的颜色会出现在"色板"面板中。

（3）使用"颜色"面板设置颜色是 Illustrator 中常用的设置颜色的方法。"颜色"面板不仅可以对操作对象进行内部和轮廓的填充，还可以使用其内部功能创建、编辑、混合颜色等。

（4）使用网格工具可以创建一个多色填充的对象，使对象内部的各种颜色之间平滑过渡。渐变网格与渐变填充的不同之处为：渐变填充可以应用在一个或多个对象，但渐变的方向只能是单一的；而渐变网格只能应用于一个图形，但却可以在图形内产生多个渐变，渐变可以沿不同方向分布，并且从一点平滑地过渡到另一点。

# 课后习题

## 一、选择题

1. 选择网格工具，按住下列哪个键，单击对象上的网格点和网格线，可以减少网格的行数和列数（　　）。
  A．Ctrl    B．Shift    C．Alt    D．Delete

2. 按哪两个键，可以使选定对象的颜色在填充与描边之间切换（　　）。
  A．Shift+X   B．Shift+L   C．Shift+W   D．Shift+F

3. 应用下列哪个面板可以对对象进行图案填充（　　）。
  A．"渐变"面板      B．"色板"面板
  C．"颜色"面板      D．"属性"面板

4. 关于网格工具描述不正确的是（　　）。
  A．执行【对象】→【创建渐变网格】命令，可以创建简便网格
  B．执行【对象】→【路径】→【偏移路径】命令，可把网格对象转回路径
  C．网格工具中的网格点不可以删除
  D．网格工具是 Illustrator 中具有独特填充效果的渐变填充工具

5. 黄品青是（　　）颜色空间的三原色。
  A．RGB    B．CMYK    C．LAB    D．GRAY

# 拓展训练

根据本章所学的内容，任选下列案例进行制作。

案例 1：制作标签，效果如图 5.167 所示。

扫码看视频

图 5.167　标签效果图

案例 2：制作卡通猫插画，效果如图 5.168 所示。

图 5.168　卡通猫插画图

# 第6章 文本工具的使用与编辑

Illustrator CC 2017 提供了强大的文本编辑和图文混排功能，文本对象和一般图形对象一样可以进行各种变换和编辑，同时还可以通过应用各种外观和样式属性制作出绚丽多彩的文本效果。Illustrator 支持多个国家的语言，针对汉字等双字节编码具有竖排功能。

- 不同类型文字的输入方法
- 字符格式
- 段落格式
- 分栏和链接文本
- 图文混排

## 6.1 创建文本

当准备创建文本时，用鼠标按住【文字工具】T不放，弹出文字展开式工具栏，单击工具栏后面的按钮，可使文字的展开式工具栏从工具箱中分离出来，如图 6.1 所示。

在工具栏中共有 7 种文字工具，使用它们可以输入各种类型的文字，以满足不同的文字处理需要。7 种文字工具依次为【文字工具】T、【区域文字工具】、【路径文字工具】、【直排文字工具】、【直排区域文字工具】、【直排路径文字工具】、【修饰文字工具】。

文字可以直接输入，也可以通过选择【文件】→【置入】命令，从外部置入。单击各个文字工具，会显示文字工具对应的光标，如图 6.2 所示，从当前文字工具的光标样式可以知道创建文字对象的样式。

图 6.1　文字工具　　　　　　　　　　　　　　　　　图 6.2　文字工具对应光标

### 6.1.1　文字工具的使用

利用【文字工具】和【直排文字工具】可以直接输入沿水平方向和直排方向排列的文本。

1. 输入点文本

选择【文字工具】或【直排文字工具】，在绘图页面中单击鼠标，出现反选状态的一行或一列文字，可以切换输入法重新输入文本，如图 6.3 所示，当输入文本需要换行时，按 Enter 键开始新的一行。

结束文字的输入后，单击【选择工具】即可选中所输入的文字，这时文字周围将出现一个选择框，文本上的细线是文字基线的位置，效果如图 6.4 所示。

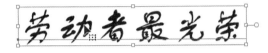

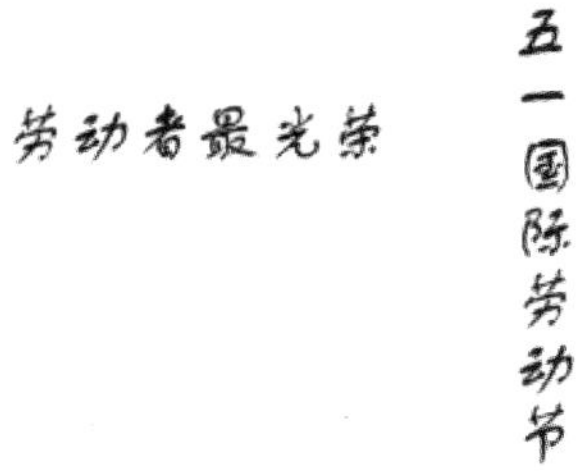
劳动者最光荣
五一国际劳动节

图 6.3　输入点文本

劳动者最光荣

图 6.4　文字基线

2. 输入文本块

使用【文字工具】或【直排文字工具】可以定制一个文本框，然后在文本框中输入文字。使用【文字工具】或【直排文字工具】，在页面中需要输入文字的位置单击并按住鼠标左键拖曳，如图 6.5 所示。当绘制的文本框大小符合需要时，释放鼠标，页面上会出现一个蓝色边框的矩形文本框，矩形文本框内有默认的一段文字，文字为反选状态，如图 6.6 所示。

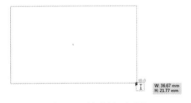

W: 36.67 mm
H: 21.77 mm

图 6.5　绘制文本框

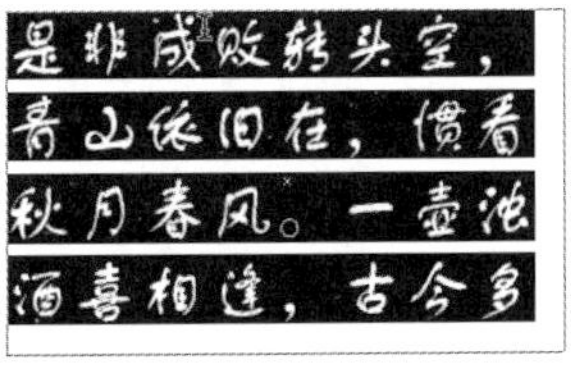
是非成败转头空，
青山依旧在，惯看
秋月春风。一壶浊
酒喜相逢，古今多

图 6.6　文本块默认效果

可以在矩形文本框中输入文字，输入的文字将在指定的区域内排列，如图 6.7 所示，如果输入的文字超出了文本框所能容纳的范围，将出现文本溢出的现象，这时文本框的右下角会出现一个红色标志的小正方形，如图 6.8 所示，单击这个红色的小正方形，会出现一个新文本框，内容为溢出的文字，文本框大小与原文本框大小相同，效果如图 6.9 所示。当然也可以拖曳文本框周围的控制点来调整文本框的大小，以显示所有的文字。

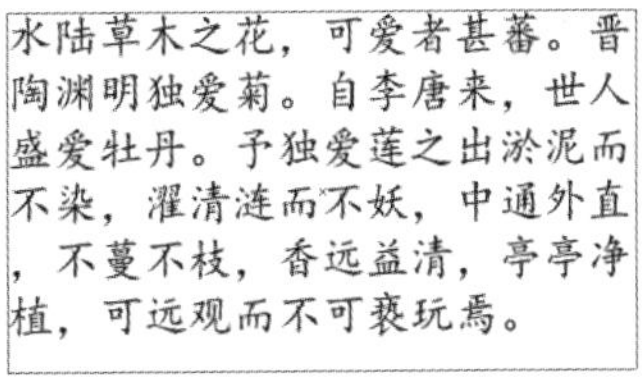
水陆草木之花，可爱者甚蕃。晋
陶渊明独爱菊。自李唐来，世人
盛爱牡丹。予独爱莲之出淤泥而
不染，濯清涟而不妖，中通外直
，不蔓不枝，香远益清，亭亭净
植，可远观而不可亵玩焉。

图 6.7　文本块

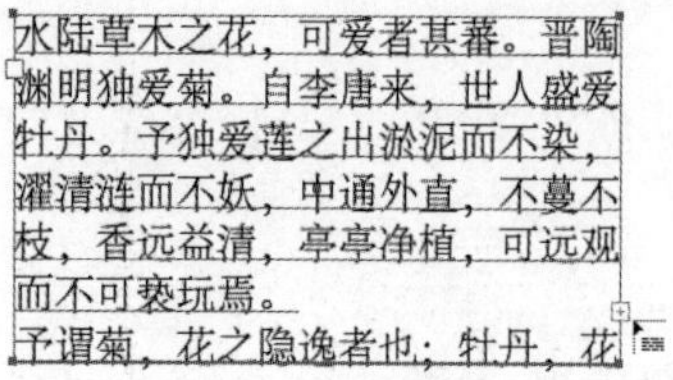

水陆草木之花，可爱者甚蕃。晋陶
渊明独爱菊。自李唐来，世人盛爱
牡丹。予独爱莲之出淤泥而不染，
濯清涟而不妖，中通外直，不蔓不
枝，香远益清，亭亭净植，可远观
而不可亵玩焉。
予谓菊，花之隐逸者也；牡丹，花

图 6.8 文本溢出

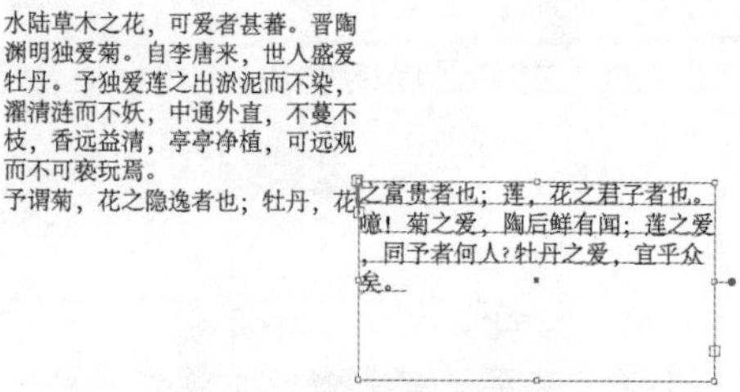

水陆草木之花，可爱者甚蕃。晋陶
渊明独爱菊。自李唐来，世人盛爱
牡丹。予独爱莲之出淤泥而不染，
濯清涟而不妖，中通外直，不蔓不
枝，香远益清，亭亭净植，可远观
而不可亵玩焉。
予谓菊，花之隐逸者也；牡丹，花
之富贵者也；莲，花之君子者也。
噫！菊之爱，陶后鲜有闻；莲之爱
，同予者何人？牡丹之爱，宜乎众
矣。

图 6.9 链接文本块

### 6.1.2 区域文字工具的使用

在 Illustrator 中，还可以创建任意形状的文本对象，绘制一个带有填充颜色的图形对象，如图 6.10 所示。选择【文字工具】或【区域文字工具】，当鼠标指针移动到图形对象的边框上时，指针将变成形状，如图 6.11 所示。在图形对象上单击，图形对象的填色和描边属性被取消，图形对象转换为文本路径，并且在图形对象内出现一段默认文字。

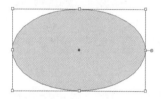

图 6.10 绘制图形

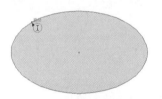

图 6.11 创建区域文字

此时可以输入文本，输入的文本会按水平方向在该对象内排列。如果输入的文字超出了文本路径所能容纳的范围，将出现文本溢出的现象，这时文本路径的右下角会出现一个红色标志的小正方形，单击这个红色的小正方形，会出现一个新文本路径，内容为溢出的文字，大小、形状与原文本路径相同，效果如图 6.12 所示。

也可以使用【选择工具】选中文本路径，拖曳文本路径周围的控制点来调整文本路径的大小，显示所有的文字，效果如图 6.13 所示。

是非成败转
头空，青山依旧在，惯看
秋月春风。一壶浊酒喜相逢，
古今多少事，滚滚长江东逝水，
浪花淘尽英雄。几度夕阳
红。白发渔樵江
渚上，惯看
秋月春风。一壶浊酒喜相
逢。古今多少事，都付笑谈中

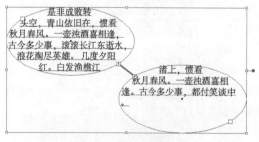

图 6.12 链接区域文字

是非成败转头
空，青山依旧在，惯看秋月春
风。一壶浊酒喜相逢，古今多少事，滚
滚长江东逝水，浪花淘尽英雄。几度夕阳
红。白发渔樵江渚上，惯看秋月春风。一
壶浊酒喜相逢。古今多少事，都付笑
谈中。

图 6.13 调整文本路径大小

使用【直排文字工具】或【直排区域文字工具】与使用【文字工具】的方法是一样的，但【直排文字工具】或【直排区域文字工具】在文本路径中可以创建竖排的文字，如图 6.14 所示。

选择【文字】→【区域文字选项】命令，在弹出的“区域文字选项”对话框中可以详细设置区域文字的效果，“区域文字选项”对话框如图 6.15 所示。

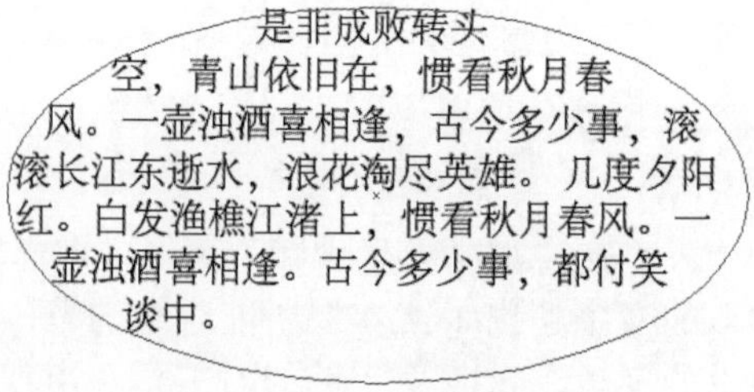

图 6.14　直排区域文字

图 6.15　"区域文字选项"对话框

### 6.1.3　路径文字工具的使用

使用【路径文字工具】和【直排路径文字工具】，可以在创建文本时，让文本沿着一个开放或闭合路径的边缘进行水平或垂直方向的排列，路径可以是规则或不规则的，如果使用这两种工具，原来的路径将不再具有填色或描边的属性。

#### 1．创建路径文本

（1）沿路径创建水平方向文本。

使用【钢笔工具】，在页面上绘制一个任意形状的开放路径，如图 6.16 所示。使用【路径文字工具】，在绘制好的路径上单击，路径将转换为文本路径，默认文本位于文本路径上，文字沿路径排列，文字的基线与路径是平行的，如图 6.17 所示。

图 6.16　绘制路径　　　　　　　　　　　　图 6.17　创建水平方向路径文本

（2）沿路径创建垂直方向文本。

使用【钢笔工具】，在页面上绘制一个任意形状的开放路径，使用【直排路径文字工具】，在绘制好的路径上单击，路径将转换为文本路径，默认文字位于文本路径上，文字的基线与路径是直排的，效果如图 6.18 所示。

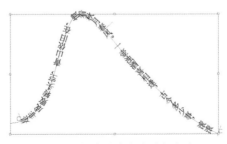

图 6.18　创建垂直方向路径文本

### 2．编辑路径文本

如果对创建的路径文本不满意，可以对其进行编辑。

选择【选择工具】或【直接选择工具】，选取要编辑的路径文本，这时在文本开始处、中间位置、结束处会出现一个三条竖线，如图 6.19 所示。

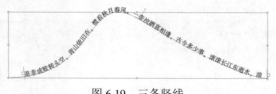

图 6.19　三条竖线

拖曳开始处和结束处的竖线，均可沿路径移动文本，效果如图 6.20 所示，拖曳文本中间位置的竖线，也可沿路径移动文本，只是移动的幅度受开始处和结束处的竖线位置的限制。如果按住中间位置的竖线向路径相反的方向拖曳，文本会翻转方向，效果如图 6.21 所示。

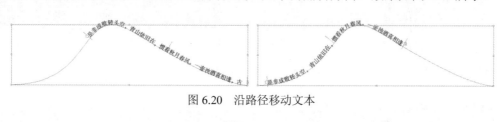

图 6.20　沿路径移动文本

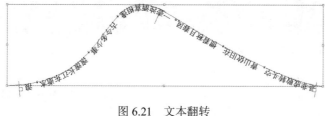

图 6.21　文本翻转

选择【文字】→【路径文字】→【路径文字选项】命令，在弹出的"路径文字选项"对话框中，可以进一步编辑路径文本的效果，"路径文字选项"对话框如图 6.22 所示。在"效果"选项的下拉列表中选择"阶梯效果"，"对齐路径"选项的下拉列表中选择"字母上缘"，确认后的路径文本效果如图 6.23 所示。

图 6.22　"路径文字选项"对话框

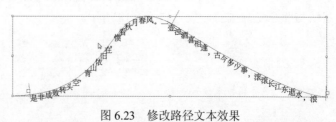

图 6.23　修改路径文本效果

### 6.1.4　修饰文字工具的使用

【修饰文字工具】让用户可以创造性地处理文本、使用纯文本创建美观而突出的消息。

文本的每个字符都可以编辑，就像每个字符都是一个独立的对象。选取一个单词或一个句子中的一个字母字符，然后可对其进行移动、缩放或旋转。通过可用性增强功能（例如，更大的控制手柄）和对多点触控设备的支持（触控笔或触摸驱动设备），可以轻松执行这些操作。如果没有支持触摸的设备，可以使用鼠标完成相同的操作。

创建文本后，选择【修饰文字工具】 ，页面上会出现"在字符上单击可进行选择"的提示信息，如图 6.24 所示。用鼠标点选想要修改的文字，文字周围出现 5 个圆形的控制点，如图 6.25 所示。可以使用这些控制点对这个字进行移动、缩放或旋转，修饰后的文字效果如图 6.26 所示。

图 6.24　修饰文字　　　　　图 6.25　控制点　　　　　图 6.26　修饰后的文字效果

# 6.2　编辑文本

文本对象可以任意调整，还可以通过改变文本框的形状来编辑文本。使用【选择工具】 单击文本，可以选中文本对象，完全选中的文本块包括内部文字与文本框，文本块被选中的时候，文字中的基线就会显示出来，如图 6.27 所示。

双击文本框下方的实心方形控制点，可以根据内容多少自动调整文本框的高度，如图 6.28 所示。

选择【选择工具】 ，单击文本框上的控制点并拖动，可以改变文本框的大小，效果如图 6.29 所示。

使用【比例缩放工具】 可以对选中的文本对象进行缩放，如图 6.30 所示，选择【对象】→【变换】→【缩放】命令，弹出"比例缩放"对话框，可以设置数值精确地缩放文本对象。

图 6.27　文字基线　　　图 6.28　自动调整高度　　　图 6.29　改变文本框大小　　　图 6.30　缩放

当文本对象完全被选中后，用鼠标拖动可以移动其位置，选择【对象】→【变换】→【移动】命令，弹出"移动"对话框，可以通过设置数值来精确移动文本对象。

编辑部分文字时，先选择【文字工具】 ，移动鼠标指针到文本上，单击插入光标并按住鼠标左键拖曳，即可选中部分文本，选中的文本将反白显示，效果如图 6.31 所示。

使用【选择工具】在文本区域内双击，可进入文本编辑状态，在文本编辑状态下，双击一句话即可选中这句话，三击可选中一个段落，按 Ctrl+A 组合键，可以选中整个内容，如图 6.32 所示。

选择【对象】→【路径】→【清理】命令，弹出"清理"对话框，如图 6.33 所示，勾选"空文本路径"复选框可以删除空的文本路径。

图 6.31　选中部分文本　　　图 6.32　选中全部　　　图 6.33　"清理"对话框

**注意**：编辑文本之前，必须选中文本，可以使用【编辑】→【粘贴】命令，将其他软件中的文本复制到 Illustrator 中。

## 6.3　设置字符格式

在 Illustrator 中，可以设定包括文字的字体、字号、颜色、字符间距等字符格式。

选择【窗口】→【文字】→【字符】命令（组合键为 Ctrl+T），弹出"字符"面板，如图 6.34 所示。单击面板右上角的图标，在弹出的菜单中选择"显示选项"命令，面板展开更多的选项，如图 6.35 所示。

图 6.34　"字符"面板

图 6.35　"字符"面板展开

"字体"选项，单击选项文本框右侧的按钮，可以从弹出的下拉列表中选择一种需要的字体。

"设置字体大小"选项，用于控制文本的大小，单击数值框左侧的上、下微调按钮，可以逐级调整字号大小的数值。

"设置行距"选项，用于控制文本的行距，定义文本中行与行之间的距离。

"垂直缩放"选项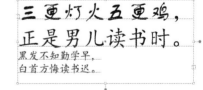，可以使文字尺寸横向保持不变，纵向被缩放，缩放比例小于 100% 表示文字被压扁，大于 100% 表示文字被拉长。

"水平缩放"选项，可以使文字的纵向高度保持不变，横向被缩放，缩放比例小于 100% 表示文字被缩放变窄，大于 100% 表示文字被拉宽。

"设置两个字符间的字距微调"选项，用于调整字符之间的水平间距，输入正值时字距变大，输入负值时字距变小。

"设置所选字符的字距调整"选项，用于调整字符与字符之间的距离。

"设置基线偏移"选项，用于调整文字的上下位置，可以通过该设置为文字制作上标或下标，正值时表示文字上移，负值时表示文字下移。

### 6.3.1　设置字体和字号

选择"字符"面板，在"字体"选项的下拉列表中选择一种字体，即可将该字体应用到选中的文字上。Illustrator 提供的每种字体都有一定的字形如常规、加粗、斜体等，字体的具体选项因字而定。

**注意**：默认字体单位为 pt，72pt 相当于 1 英寸，默认状态下字号为 12pt，可调整的范围为 0.1 至 1296。

设置字体的具体操作：选中部分文本，选择【窗口】→【文字】→【字符】命令，弹出"字符"面板，从"字体"选项的下拉列表中选择一种字体，如图 6.36 所示，或选择【文字】→【字体】命令，在列出的字体中进行选择，更改文本字体后的效果如图 6.37 所示。

选中文本，单击"字体大小"选项数值框后的按钮，在弹出的下拉列表中可以选择合适的字体大小，也可以通过数值框左侧的上、下微调按钮来调整字体大小。文本字号分别为 21pt 和 10pt 时的效果如图 6.38 所示。

图 6.36　选择字体　　　图 6.37　更改字体效果　　　图 6.38　字体大小效果

### 6.3.2　设置字距

当需要调整文字或字符之间的距离时，可使用"字符"面板中的两个选项，即"设置两个字符间的字距微调"选项和"设置所选字符的字距调整"选项。

"设置两个字符间的字距微调"选项用来控制两个文字或字母之间的距离，"设置所选字符的字距调整"选项可使两个或更多个被选择的文字或字母之间保持相同的距离。

"设置两个字符间的字距微调"选项只有在两个文字或字符之间插入光标时才能进行

设置。将光标放置到需要调整间距的两个文字或字符之间，如图 6.39 所示，在"设置两个字符间的字距微调"选项☑的下拉列表中选择或在数值框中输入所需要的数值就可以调整两个文字或字符之间的距离。

设置数值为 400，按 Enter 键确认，字距效果如图 6.40 所示，设置数值为-400，按 Enter 键确认，效果如图 6.41 所示。

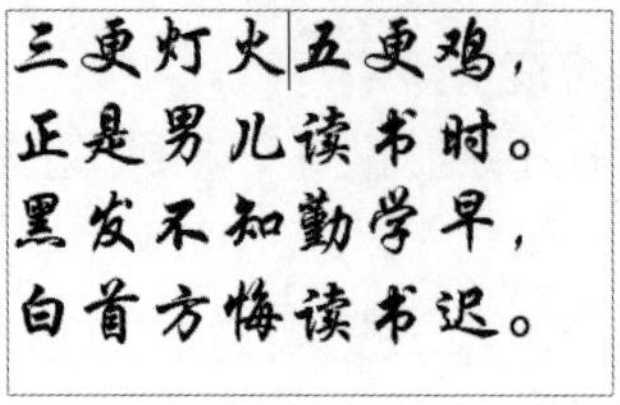

图 6.39　放置光标

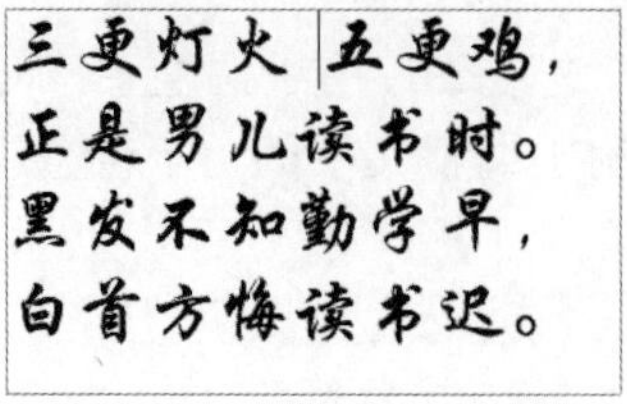

图 6.40　字距为 400 的效果

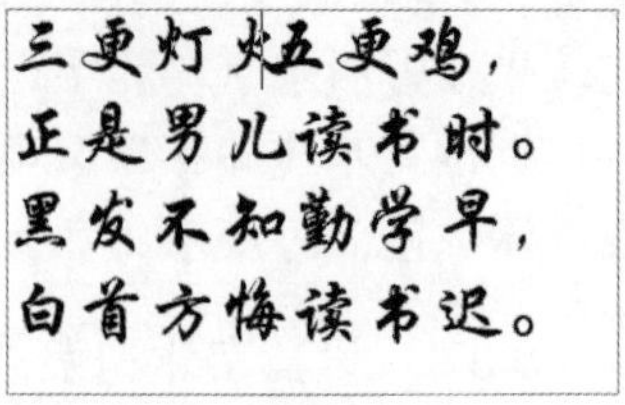

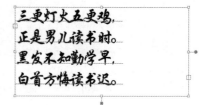

图 6.41　字距为-400 的效果

也可以在下拉列表中选择"自动"选项，这时程序就会以最合适的参数值设置文字的距离。

"设置所选字符的字距调整"选项☑可以同时调整多个文字或字符之间的距离。选中整个文本对象，如图 6.42 所示，在"设置所选字符的字距调整"选项☑的数值框中输入所需要的数值即可调整文本字符间的距离。设置数值为 300，按 Enter 键确认，字距效果如图 6.43 所示，设置数值为-200，按 Enter 键确认，字距效果如图 6.44 所示。

图 6.42　选中整个文本

图 6.43　字距为 300 的效果

图 6.44　字距为-200 的效果

### 6.3.3　设置行距

行距是指文本中行与行之间的距离，如果没有自定义行距值，系统将使用自动行距，这时系统将以最适合的参数设置行间距。

选中文本，如图 6.45 所示，当前文本字号为 12pt，当前的行距为"自动"，在"行距"选项的下拉框中选择一个数值或者在数值框中输入所需要的数值，可以调整行与行之间的距离。设置"行距"数值为 24pt，按 Enter 键确认，行距效果如图 6.46 所示。

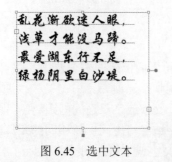

图 6.45　选中文本

图 6.46　设置行距效果

### 6.3.4　水平或垂直缩放

当改变文本的字号时，它的高度和宽度将同时发生改变。而利用"垂直缩放"选项 或"水平缩放"选项 可以单独改变文本的高度或宽度。

默认状态下，对于横排的文本，"垂直缩放"选项保持文字的宽度不变，只改变文字的高度。"水平缩放"选项保持文字高度不变，只改变文字的宽度。对于竖排的文本，会产生相反的效果，即"垂直缩放"选项改变文本的宽度，"水平缩放"选项改变文本的高度。

选中文本，如图 6.47 所示，文本为默认状态下的效果，在"垂直缩放"选项 的数值框内设置数值为 150%，按 Enter 键确认，文字的垂直缩放效果如图 6.48 所示。在"水平缩放"选项 的数值框内设置数值为 135%，按 Enter 键确认，文字的水平缩放效果如图 6.49 所示。

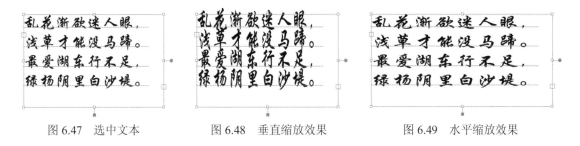

图 6.47　选中文本　　　　　图 6.48　垂直缩放效果　　　　　图 6.49　水平缩放效果

### 6.3.5　基线偏移

基线偏移就是改变文字与基线的距离，从而提高或降低被选中文字相对于其他文字的排列位置以达到突出显示的目的。使用"设置基线偏移"选项 可以创建上标或下标，或者在不改变文本方向的情况下更改路径文本在路径上的排列位置。

如果"设置基线偏移"选项 在"字符"面板中是隐藏的，可以从"字符"面板的弹出式菜单中选择"显示选项"命令，如图 6.50 所示，显示出"基线偏移"选项，如图 6.51 所示。

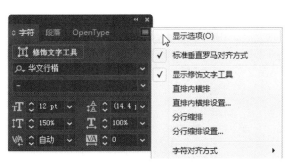

图 6.50　选择"显示选项"命令

图 6.51　基线偏移选项

通过"设置基线偏移"选项 ，可以制作出有上标和下标显示的效果。输入需要的文字，调整字符的字号，如图 6.52 所示，选中要进行偏移的文字，在"设置基线偏移"选项 的数值框中设置数值为-6，确认后效果如图 6.53 所示。在"基线偏移"选项的数值框中设置数值为 0，表示取消基线偏移。

图 6.52 设置基线偏移前

图 6.53 设置基线偏移后

通过"设置基线偏移"选项 还可以改变文本在路径上的位置。文本在路径的外侧时选中文本如图 6.54 所示，在"设置基线偏移"选项 的数值框中设置数值为-12，按 Enter 键确认，文本移动到路径的内侧，效果如图 6.55 所示。

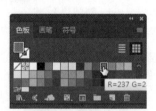

图 6.54 选中文本

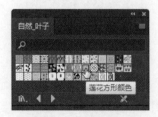

图 6.55 设置基线偏移后

### 6.3.6 文本的颜色和变换

Illustrator 中的文字和图形一样具有填充和描边属性，文字在默认设置状态下，描边颜色为无色，填充颜色为黑色。

使用工具箱中的"填色"或"描边"按钮，可以将文字设置在填充或描边状态，使用"颜色"面板可以更改文本的填充颜色或描边颜色，使用"色板"面板中的颜色和图案可以为文字上色和填充图案，在对文本进行轮廓化处理前，渐变的效果不能应用到文字上。

选中文本，在"色板"面板中单击需要的颜色，如图 6.56 所示，文字的颜色填充效果如图 6.57 所示。

图 6.56 选择颜色 　　　　图 6.57 文字颜色填充

在"色板"面板中，单击面板右上方的图标，在弹出的菜单中选择【打开色板库】→【图案】→【自然】→【自然_叶子】命令，在弹出的"自然_叶子"面板中单击需要的图案，如图 6.58 所示，文字的图案填充效果如图 6.59 所示。

图 6.58 选择图案 　　　　图 6.59 文字图案填充

选中文本，在工具箱中单击"描边"按钮，在"自然_叶子"面板中单击需要的图案，如图 6.60 所示，在"描边"面板中设置描边的宽度，如图 6.61 所示，文字的描边效果如图 6.62 所示。

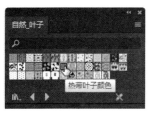

图 6.60 选择图案

图 6.61 设置描边宽度

图 6.62 文字描边效果

选择【对象】→【变换】命令或【变换工具】，可以对文本进行变换。选中要变换的文本，再利用各种变换工具对文本进行旋转、对称、缩放、倾斜等变换操作。对文本使用旋转效果如图 6.63 所示，对称效果如图 6.64 所示，倾斜效果如图 6.65 所示。

图 6.63 文本旋转

图 6.64 文本对称

图 6.65 文本倾斜

### 6.3.7 实战案例——制作美食节海报

扫码看视频

**1. 任务说明**

使用文本工具制作美食节海报，效果如图 6.66 所示。

图 6.66 美食节海报效果

**2. 任务分析**

完成美食节海报的制作，需要掌握以下内容

（1）文字工具。

（2）设置字符格式，包括字体、字号、字距、行距、缩放等。

（3）对齐工具。

**3. 操作步骤**

（1）按 Ctrl+N 组合键，新建一个文档，宽度为 297mm，高度为 210mm，取向为横向，颜色模式为 CMYK，单击"确定"按钮。

（2）在画布的合适位置插入美食节图片，打开"对齐"面板，设置"对齐"下拉选项为"对齐画板"，然后单击"水平居中对齐"按钮，"对齐"面板如图 6.67 所示，效果如图 6.68 所示。

图 6.67 "对齐"面板

图 6.68 插入图片效果

（3）选择【文字工具】，在图片下方输入标题"中华美食节"，选择【设置字体大小工具】，修改字体的大小为 48pt，选择"设置行距"选项，修改行距为 58pt，"字符"面板如图 6.69 所示。同时选中图片和"中华美食节"文字，在"对齐"面板中切换"对齐"下拉选项为"对齐关键对象"，然后单击"水平居中对齐"按钮，完成效果如图 6.70 所示。

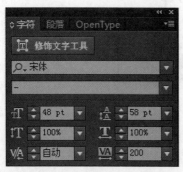

图 6.69 标题字符格式设置

图 6.70 标题完成效果

（4）选择【文字工具】，在标题下方输入副标题英文 CHINESE FOOD。修改字体 Constantia，字符样式为 Regular，选择"设置字体大小"选项，修改字体大小为 34pt，选择"设置行距"选项，修改行距为 40pt，选择"设置所选字符的字距调整"选项，调整字符与字符之间的距离为 200，如图 6.71 和图 6.72 所示。

图 6.71　副标题字符格式设置

中华美食节

CHINESE FOOD

图 6.72　副标题完成效果

（5）选择【文字工具】，输入英文 FESTIVAL。修改字体 Constantia，字符样式为 Regular，选择"设置字体大小"选项，修改字体大小为 27pt，选择"设置行距"选项，修改行距为 40pt，选择"垂直缩放"选项，纵向缩放值设为 105%，选择"设置所选字符的字距调整"选项，调整字符与字符之间的距离为 200，然后使用"对齐"面板使英文 CHINESE FOOD 和 FESTIVAL 右对齐，如图 6.73 所示。

（6）用【直线工具】在英文之间画上一条向右倾斜的直线，增加美观，减少文字之间的空隙，如图 6.74 所示。

中华美食节

CHINESE FOOD
FESTIVAL

图 6.73　2 行英文完成效果

中华美食节

CHINESE FOOD
FESTIVAL

图 6.74　绘制斜线

（7）选择【文字工具】，输入中文简介。选择"设置字体大小"选项，修改字体大小为 11pt，选择"设置行距"选项，修改行距为 22pt，选择"设置所选字符的字距调整"选项，调整字符与字符之间的距离为 44。修改字体为"宋体"，效果如图 6.75 所示。

（8）在中文简介下方，选择【文字工具】，输入英文简介"Bringing together traditional Chinese cuisine,North and south, east and west, different,Taste Chinese culture in food,Taste the Chinese people's deep feelings, local feelings."。修改字体为 Constantia。修改字符样式为 Regular，选择"设置字体大小"选项，修改字体大小为 11pt，选择"设置行距"选项，修改行距为 40pt，选择"垂直缩放"选项，纵向缩放值设为 105%，选择"水平缩放"选项，将水平缩放值调整为 102%，选择"设置所选字符的字距调整"选项，调整字符与字符之间的距离为-39，然后使用"对齐"面板使上一段中文与本段英文左对齐，如图 6.76。

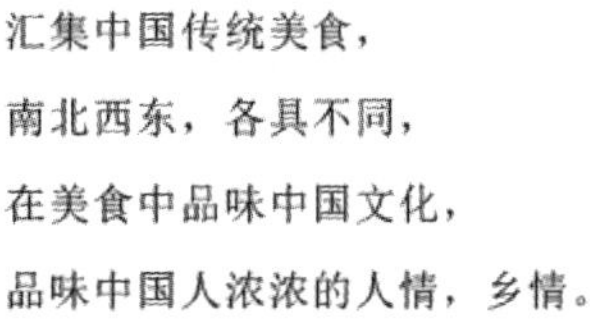

汇集中国传统美食，

南北西东，各具不同，

在美食中品味中国文化，

品味中国人浓浓的人情，乡情。

图 6.75　中文简介完成效果

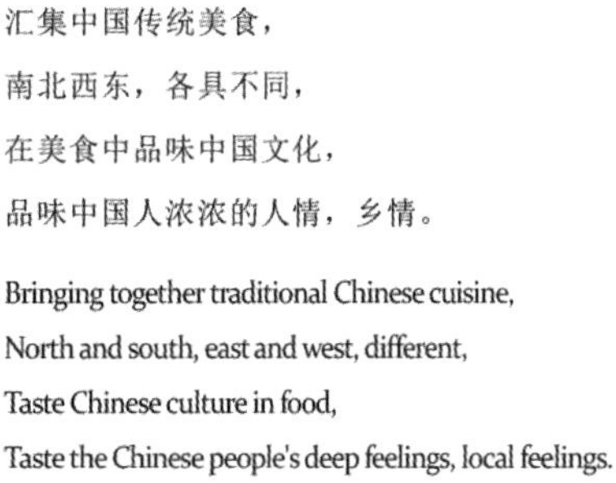

汇集中国传统美食，

南北西东，各具不同，

在美食中品味中国文化，

品味中国人浓浓的人情，乡情。

Bringing together traditional Chinese cuisine,

North and south, east and west, different,

Taste Chinese culture in food,

Taste the Chinese people's deep feelings, local feelings.

图 6.76　英文简介完成效果

（9）用【直线工具】✎ 在中英文简介右侧画上一条垂直的直线，用以分割简介部分和美食节的具体信息部分，如图 6.77 所示。

# 中华美食节
## CHINESE / FOOD
### FESTIVAL

汇集中国传统美食，
南北西东，各具不同，
在美食中品味中国文化，
品味中国人浓浓的人情，乡情。
Bringing together traditional Chinese cuisine,
North and south, east and west, different,
Taste Chinese culture in food,
Taste the Chinese people's deep feelings, local feelings.

图 6.77　绘制竖线

（10）选择【文字工具】T，输入"时间 地点 联系电话"。修改字体为"宋体"选择"设置字体大小"选项T，修改字体大小为 10pt，选择"设置行距"选项A，修改行距为 60pt，选择"垂直缩放"选项T，纵向缩放值设为108%，选择"水平缩放"选项T，将水平缩放值调整为104%，选择"设置所选字符的字距调整"选项V A，调整字符与字符之间的距离为 0，如图 6.78 所示。

（11）选择【文字工具】T，输入"3 月 1 日-4 月 30 日　一楼马兰花餐厅 15501234567"。选择"设置字体大小"选项T，修改字体大小为 9pt，其余数值与上一步骤相同，如图 6.79 所示。

（12）选择【文字工具】T，输入 "Match 1.April 30 Malahua Restaurant"。修改字体为 Constantia。修改字符样式为 Italic，选择"设置字体大小"选项T，修改字体大小为 9pt，选择"设置行距"选项A，修改行距为 60pt，选择"垂直缩放"选项T，纵向缩放值设为110%，选择"水平缩放"选项T，将水平缩放值调整为106%，选择"设置所选字符的字距调整"选项V A，调整字符与字符之间的距离为 18，如图 6.80 所示。

| 时间 | 时间 | 时间 |
|------|------|------|
|  | 3月1日-4月30日 | 3月1日-4月30日 |
|  |  | *Match 1-April 30* |
| 地点 | 地点 | 地点 |
|  | 一楼马兰花餐厅 | 一楼马兰花餐厅 |
|  |  | *Malahua Restaurant* |
| 联系电话 | 联系电话 | 联系电话 |
|  | 15501234567 | 15501234567 |

图 6.78　联系方式效果 1 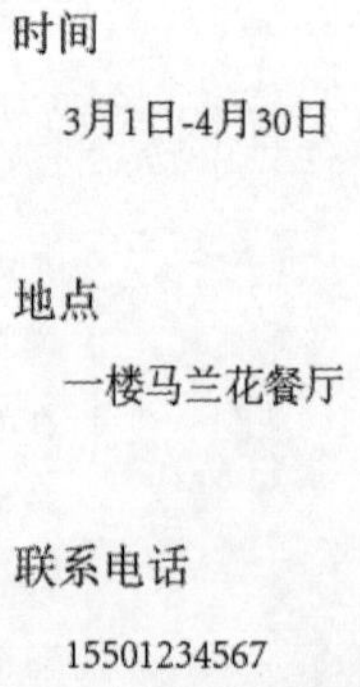　　　　图 6.79　联系方式效果 2 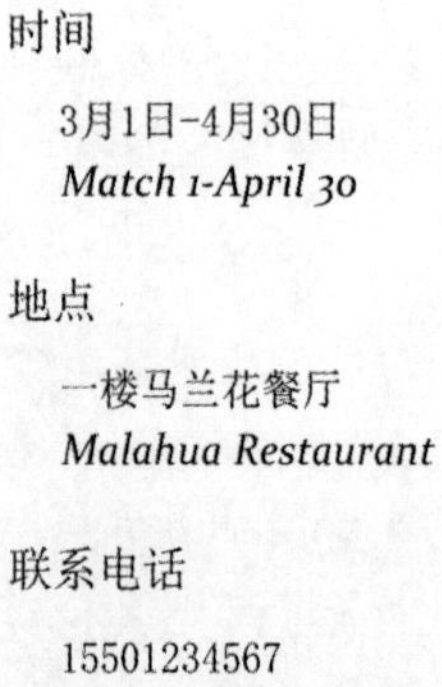　　　　图 6.80　联系方式效果 3

（13）使用"对齐"面板，调整各个文本块的位置，最后完成的效果如图 6.81 所示。

图 6.81　美食节海报效果图

# 6.4　设置段落格式

"段落"面板提供了文本对齐、段落缩进、段落间距以及制表符等设置，可以用于处理较长的文本。选择【窗口】→【文字】→【段落】命令（组合键为 Alt+Ctrl+T），弹出"段落"面板，如图 6.82 所示。

图 6.82　"段落"面板

### 6.4.1　文本对齐

文本对齐是指所有的文字在段落中按一定的标准有序地排列。Illustrator 提供了 7 种文本对齐的方式，分别是左对齐■、居中对齐■、右对齐■、两端对齐末行左对齐■、两端对齐末行居中对齐■、两端对齐末行右对齐■、全部两端对齐■。

选中要对齐的段落文本，单击"段落"面板中的各个对齐方式按钮，应用不同对齐方式的段落文本效果如图 6.83 所示。

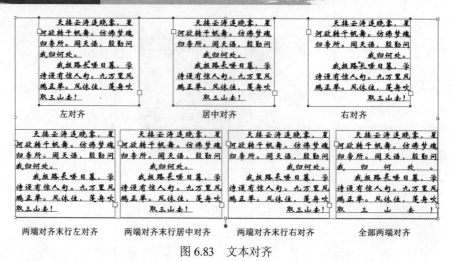

图 6.83　文本对齐

### 6.4.2　段落缩进

段落缩进是指在一个段落文本开始时需要空出的字符位置，选定的段落文本可以是文本块、区域文本或文本路径。段落缩进有 5 种方式：左缩进、右缩进、首行左缩进、段前间距、段后间距。

选择段落文本，单击"左缩进"图标或"右缩进"图标，在缩进数值框内输入合适的数值，单击"左缩进"图标或"右缩进"图标右边的上下微调按钮，一次可以调整 1pt。在缩进数值框内输入正值时，表示文本框和文本之间的距离拉开，输入负值时，表示文本框和文本之间的距离缩小。

单击"首行左缩进"图标，在数值框内输入数值可以设置一段的第一行缩进空出的字符位置，应用"段前间距"图标和"段后间距"图标可以设置段落间的距离。

选择要缩进的段落文本，单击"段落"面板中的各个缩进方式按钮，应用不同缩进方式的段落文本效果如图 6.84 所示。

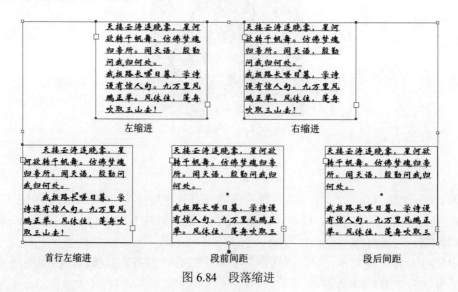

图 6.84　段落缩进

## 6.5　将文本转换为轮廓

在 Illustrator 中，将文本转化为轮廓后，可以像对其他图形对象一样进行编辑和操作。通过这种方式，可以创建多种特殊文字效果。

选中文本，选择【文字】→【创建轮廓】命令（组合键为 Shift+Ctrl+O），创建文本轮廓。文本转换为轮廓后，可以对文本进行渐变填充，效果如图 6.85 所示，应用滤镜效果如图 6.86 所示。

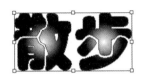　　　　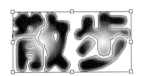

图 6.85　文本渐变填充　　　　　　　　　　图 6.86　文本应用滤镜

文本转换为轮廓后，将不再具有文本的一些属性，这就需要在转换之前先按需要调整文本的字体大小。而且文本转换为轮廓后，会把文本块中的文本全部转换为路径，要想单独转换一个单个文字为轮廓时，可以创建只包括这个文字的文本，然后再进行转换。

## 6.6　分栏和链接文本

Illustrator 中，大的段落文本经常采用分栏这种页面形式，分栏时可自动创建链接文本，也可手动创建文本的链接。

### 6.6.1　创建文本分栏

Illustrator 中，可以对一个选中的段落文本块进行分栏操作，不能对点文本或路径文本进行分栏，也不能对一个文本块中的部分文本进行分栏。

选中要进行分栏的文本块，如图 6.87 所示，选择【文字】→【区域文字选项】命令，弹出"区域文字选项"对话框，如图 6.88 所示。

图 6.87　选中文本块　　　　　　　　　图 6.88　区域文字选项对话框

在"行"选项组中的"数量"选项中输入行数，所有的行自动定义为相同的高度，建立文本分栏后可以改变各行的高度，"跨距"选项用于设置行的高度。

在"列"选项组中的"数量"选项中输入栏数，所有的栏自动定义为相同的宽度，建立文本分栏后可以改变各栏的宽度，"跨距"选项用于设置栏的宽度。

单击"文本排列"选项后的图标按钮，如图 6.89 所示，选择一种文本流在链接时的排列方式，每个图标上的方向箭头指明了文本流的方向。

"区域文字选项"对话框如图 6.90 所示进行设定，单击"确定"按钮创建文本分栏，效果如图 6.91 所示。

图 6.89　文本排列方式　　　图 6.90　"区域文字选项"对话框　　　图 6.91　分栏效果

### 6.6.2　链接文本块

如果文本块出现文本溢出的现象，可以通过调整文本块的大小显示所有的文本，也可以将溢出的文本链接到另一个文本框中，还可以进行多个文本框的链接。注意，点文本和路径文本不能被链接。

选择有文本溢出的文本块，在文本框的右下角出现了⊞图标，表示因文本框太小有文本溢出，绘制一个闭合路径或创建一个文本框，同时将文本块和闭合路径选中，如图 6.92 所示。

选择【文字】→【串接文本】→【创建】命令，左边文本框中溢出的文本会自动移到右边的闭合路径中，效果如图 6.93 所示。

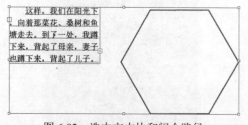

图 6.92　选中文本块和闭合路径　　　　　图 6.93　链接文本块

也可以在文本框右下角的⊞图标上单击鼠标左键，鼠标指针变成▢时，在页面上绘制一个新文本框，松开鼠标时，溢出的文本会出现在新绘制的文本框中。

如果右边的文本框中还有文本溢出，可以继续添加文本框来链接溢出的文本，方法同上。链接的多个文本框其实还是一个文本块，选择【文字】→【串接文本】→【释放所选文字】命令，可以解除各文本框之间的链接状态。

# 6.7　图文混排

图文混排效果是版式设计中经常使用的一种效果，使用文本绕图命令可以制作出漂亮的图文混排效果。文本绕图对整个文本块起作用，对于文本块中的部分文本，以及点文本、路径文本都不能进行文本绕图。

在文本块上放置图形并调整好位置，同时选中文本块和图形，如图 6.94 所示。选择【对象】→【文本绕排】→【建立】命令，建立文本绕排，文本和图形结合在一起，效果如图 6.95 所示。

图 6.94　选中文本块和图形　　　　　　　　图 6.95　图文混排效果

文本绕排建立好后，可以用鼠标挪动图形的位置。如果要增加绕排的图形，可先将图形放置在文本块上，再选择【对象】→【文本绕排】→【建立】命令，文本绕图将会重新排列。选中文本绕图对象，选择【对象】→【文本绕排】→【释放】命令，可以取消文本绕图。

注意：图形必须放置在文本块上才能进行文本绕排。

# 6.8　实战案例——绘制化妆品宣传册

1. 任务说明

使用文本工具制作化妆品宣传册，效果如图 6.96 所示。

扫码看视频

图 6.96　化妆品宣传册效果图

2．任务分析

完成化妆品宣传册的制作，需要掌握以下内容：

（1）文字工具。

（2）设置字符格式，包括字体、字号、字距、行距、缩放等。

（3）对齐工具。

3．操作步骤

（1）按 Ctrl+N 组合键，新建一个文档，宽度为 297mm，高度为 210mm，取向为横向，颜色模式为 CMYK，单击"确定"按钮。

（2）选择【文字工具】T，输入 JUST LIKE，修改字体为 Broadway。修改字符样式为 Regular，选择"设置字体大小"选项T，修改字体大小为 71pt，选择"设置行距"选项A，修改行距为 54pt，选择"垂直缩放"选项T，纵向缩放值设为 104%，选择"水平缩放"选项T，将水平缩放值调整为 101%，选择"设置所选字符的字距调整"选项V，调整字符与字符之间的距离为-5，"字符"面板如图 6.97 所示，完成效果如图 6.98 所示。

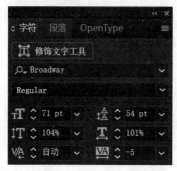

图 6.97　"字符"面板

图 6.98　步骤（2）完成效果

（3）选中文字，选择【对象】→【扩展】命令，选择【直接选择工具】，选中文字，呈现如图 6.99 所示的效果。

图 6.99　步骤（3）完成效果

（4）选中字母 T 和字母 K 的底部四个锚点，按住 Shift 键同时向下拉长，操作后的效果如图 6.100 所示。

图 6.100　步骤（4）完成效果

（5）将字母 T 和字母 K 的填充颜色改为 C：40%，M：82%，Y：0%，K：0%，效果如

图 6.101 所示。

**JUST LIKE**

图 6.101　步骤（5）完成效果

（6）选择【文字工具】，输入"巴黎时光"，设置字体为"微软雅黑"。修改字符样式为 Bold，字体大小设置为 33pt，行距为 15pt，纵向缩放值设为 104%，水平缩放值调整为 101%，选择"设置所选字符的字距调整"选项，调整字符与字符之间的距离为 0，"字符"面板如图 6.102 所示，效果如图 6.103 所示。

图 6.102　"字符"面板

**JUST LIKE** 巴黎时光

图 6.103　步骤（6）完成效果

（7）选择【文字工具】，输入 Paris times，修改字体为 Constantia，设置字符样式为 Regular，字体大小为 24pt，行距为 14pt，纵向缩放值设为 132%，水平缩放值为 104%，使用对齐工具调整位置，完成效果如图 6.104 所示。

**JUST LIKE** Paris times
巴黎时光

图 6.104　步骤（7）完成效果

（8）选择【文字工具】，输入"定位于中高端化妆品牌"，字体为"幼圆"，大小为 18pt，行距为 10pt，纵向缩放值为 100%，水平缩放值为 100%，调整字符与字符之间的距离为 46。按照上述的各个数值同时输入文字"立志于制造专业护肤品""精致优雅生活方式倡导者"，将文字对齐摆放好，效果如图 6.105 所示。

**JUST LIKE** Paris times
巴黎时光

定位于中高端化妆品牌　　立志于制造专业护肤品
精致优雅生活方式倡导者

图 6.105　步骤（8）完成效果

（9）选择【椭圆工具】，绘制 5mm*5mm 的圆形，放在文字前面，效果如图 6.106 所示。

● 定位于中高端化妆品牌　● 立志于制造专业护肤品

●精致优雅生活方式倡导者

图 6.106　步骤（9）完成效果

（10）选择【文字工具】T，输入"高端品质"。"高端"两个字设置为"微软雅黑"、36pt、行距 10pt，选择"设置所选字符的字距调整"选项，调整字符与字符之间的距离为 46，填充颜色改为 C：94%，M：84%，Y：0%，K：0%。"品质"两个字设置为"楷体"、40pt，填充颜色改为 C：40%，M：82%，Y：0%，K：0%，其余设置与"高端"两个字相同，效果如图 6.107 所示。

● 定位于中高端化妆品牌　● 立志于制造专业护肤品

●精致优雅生活方式倡导者

## 高端品质

图 6.107　步骤（10）完成效果

（11）选择【文字工具】T，输入"值得拥有"。"值 拥有"三个字字体为"微软雅黑"，字体大小为 36pt，填充颜色为 C：94%，M：84%，Y：0%，K：0%。"得"字字体为"楷体"，字体大小为 40pt，填充颜色为 C：0%，M：0%，Y：0%，K：0%。选择【椭圆工具】，绘制 15mm*15mm 的圆形，置于文字"得"的下一层，效果如图 6.108 所示。

## 值得拥有

图 6.108　步骤（11）完成效果

（12）插入图片"水晶球"，然后依次插入图片"保湿水""乳液""精华""面霜"。按 Ctrl+Shift+F9 组合键调用路径查找器，选中后四张图片，采用"垂直底对齐"和"水平居中分布"的方法调整位置，效果如图 6.109 所示。

JUST LIKE Paris times
巴黎时光

● 定位于中高端化妆品牌　● 立志于制造专业护肤品

●精致优雅生活方式倡导者

高端品质 · 值得拥有

图 6.109　步骤（12）完成效果

（13）在图片"保湿水"底部用【文字工具】■，输入"保湿水"，字体为"楷体"，字体大小为 12pt，行距为 10pt，字符与字符之间的距离为 46，填充颜色为 C：94%，M：84%，Y：0%，K：0%。用同样的数值在"乳液""精华""面霜"底部分别写上对应的名字，效果如图 6.110 所示。

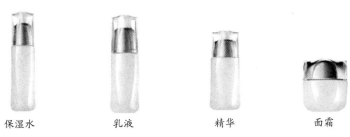

图 6.110　步骤（13）完成效果

（14）使用【星形工具】☆绘制一个半径 1 为 1.75mm，半径 2 为 0.87mm，角点数为 5 的星星，填充颜色为 C：94%，M：84%，Y：0%，K：0%，复制后摆放在每个化妆品名称的前后，效果如图 6.111 所示。

图 6.111　步骤（14）完成效果

（15）在"保湿水"底部用【文字工具】■，输入保湿水的简介，内容为"为肌肤补充水分 让肌肤由内而外水润清透"，字体大小为 11pt，行距为 17pt，字符与字符之间的距离为 9，填充颜色改为 C：93%，M：88%，Y：89%，K：80%。选择段落选项中的"居中对齐"■，使文字居中放置。用同样的设置在"乳液""精华""面霜"底部分别写上对应的文字，"赶走倦容和疲倦 让肌肤晶莹剔透"，"高浓度浓缩精华 肌肤的'急救站'"，"高保湿面霜 锁住水分不流失"，效果如图 6.112 所示。

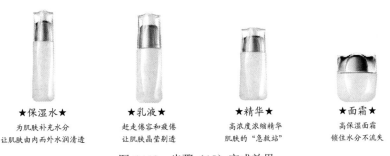

图 6.112　步骤（15）完成效果

（16）在右侧空白区域使用【钢笔工具】✎绘制一个有弧度的曲线，如图 6.113 所示。

（17）使用【路径文字工具】，将鼠标指针在弧线上单击，输入"期待 Look Forward"，设置中文部分字体为楷体，英文部分字体为 Constantia，字符样式为 Bold Italic，字体大小为 24pt，行距为 7pt，水平缩放值为 101%，调整字符与字符之间的距离为 46，填充颜色为 C：40%，M：82%，Y：0%，K：0%，效果如图 6.114 所示。

图 6.113　步骤（16）完成效果　　　　　　　　图 6.114　步骤（17）完成效果

（18）使用【文字工具】，输入广告语"年轻在基因里，一触即发！我们能给肌肤最温和的呵护。还原天然成分纯净、安全而高品质的护肤力量，给予肌肤内外兼具的，时尚而健康的美。美，如你所愿。"设置字体为楷体，字体大小为 15pt，行距为 20pt，字符与字符之间的距离为 21，填充颜色为 C：40%，M：82%，Y：0%，K：0%，效果如图 6.115 所示。

年轻在基因里，一触即发！我们
能给肌肤最温和的呵护。还原天
然成分纯净、安全而高品质的护
肤力量，给予肌肤内外兼具的，
时尚而健康的美。美，如你所愿。

图 6.115　步骤（18）完成效果

（19）使用【文字工具】，输入广告语"你值得拥有最好的"，字体为楷体，字体大小为 18pt，行距为 5pt，调整字符与字符之间的距离为 46，填充颜色为 C：94%，M：84%，Y：0%，K：0%，效果如图 6.116 所示。

你值得拥有最好的

图 6.116　步骤（19）完成效果

（20）设置描边颜色，将其设置为 C：40%，M：82%，Y：0%，K：0%，描边粗细设置为 0.5pt，效果如图 6.117 所示。

你值得拥有最好的

图 6.117　步骤（20）完成效果

（21）最后插入右上角的图片"化妆品"和背景图片就完成了一个化妆品宣传册的制作，完成的化妆品宣传册的效果如图 6.118 所示。

图 6.118　化妆品宣传册效果图

# 本章小结

（1）文字排版时应注意提高文字的可读性，避免繁杂凌乱，有效传达设计主题，在视觉上给人以美感。

（2）字体的创意方法可以从外形、笔画、结构等方面考虑。外形变化指在原字体的基础之上通过拉长或者压扁，或者进行弧形、波浪形等变化处理，突出文字特征；笔画的变化灵活多样，例如在笔画的长短、粗细上加以变化，笔画的变化应以副笔变化为主；结构变化是指改变文字的重心，移动笔画的位置等。

（3）文字转换为轮廓后，需要修改文字的操作都不可用，如字体、大小、字距等，建议可以提前复制一个未转轮廓的图层，以备修改使用。

# 课后习题

## 一、选择题

1. 执行菜单【窗口】→【文字】→【段落】命令的快捷键为（　　）。
   A．Ctrl+D          B．Ctrl+Alt+T
   C．Ctrl+F          D．Ctrl+Alt+M

2. 下列哪些不是"文字"面板中的设定项？（　　）
   A．文字大小的设定          B．文字基线的设定
   C．首行缩排的设定          D．文字行距的设定

3. 在 Adobe Illustrator 的段落面板中，提供了 7 种文字的对齐方式，下列不包含哪种方式？
（　　）
   A．左对齐          B．居中对齐          C．两端对齐          D．顶部对齐

4．使用沿路径排列的文字输入工具时，应在何种路径上进行操作？（　　）

    A．必须是闭合路径

    B．必须是开放路径

    C．可以是开放路径，也可以是闭合路径

    D．可以是开放路径，也可以是闭合路径，但其填充色必须为无色

5．下列有关文本编辑描述正确的是（　　）。

    A．当在文字框的右下角出现带加号的方块时，表示有些文字被隐含了

    B．如果要拷贝文字段中的一部分，可通过区域文字工具在文字段中的拖拉，选中欲拷贝的文字

    C．文字块的形状只能是矩形

    D．文字可以围绕图形排列，但不可以围绕路径进行排列

6．如果希望文字可以像矢量图形一样被编辑和修改，可将文字转化为图形。下面关于文字转化为图形的相关内容哪些是不正确的（　　）。

    A．中文文字只有 TrueType 字体才能转化为图形

    B．文字转为图形后，还可以转回文字

    C．如果要给文字填充渐变色，必须将文字转换为图形

    D．英文的 True type 和 PostScript 字体都可转为图形

7．"路径文字选项"面板中，不包括哪种效果？（　　）

    A．倾斜效果　　　　B．重力效果　　　　C．扭转效果　　　　D．阶梯效果

## 拓展训练

根据本章所学的内容，任选下列案例进行制作。

案例 1：制作音乐会海报，效果如图 6.119 所示。

扫码看视频

图 6.119　音乐节海报

案例 2：制作招聘海报，效果如图 6.120 所示。

扫码看视频

图 6.120　招聘海报

文本工具的使用与编辑　第 6 章

173

# 第 7 章　图层和蒙版编辑技巧

在 Illustrator CC 中，利用图层和蒙版可以轻松快捷地控制和处理图形对象，绘制丰富多彩的图形效果。通过本章的学习，掌握蒙版的使用技巧，能够创建剪贴蒙版和不透明度蒙版，熟悉图层的基本操作。

- 图层的基本操作
- 蒙版的创建与编辑
- "透明度"面板的使用方法

## 7.1　图层的基本操作

在 Illustrator CC 中，一个复杂的图形设计需要创建多个对象，需要通过图层对对象进行管理，因此图层就像一个文件夹，方便查看和编辑对象。

### 7.1.1　"图层"控制面板

选择【窗口】→【图层】命令，可以打开"图层"控制面板，如图 7.1 所示。在"图层"控制面板的右上方包含"折叠为图标"按钮 和"关闭"按钮 。"折叠为图标"按钮用于将"图层"控制面板折叠成小图标 ；"关闭"按钮，用于关闭"图层"控制面板。单击"图层"控制面板"菜单"按钮 可以弹出图层相关菜单。

选择【文件】→【新建】命令，建立一个新的绘图页，默认状态下，新建图层时，默认图层名称为"图层 1"，多次新建图层后，图层将以数字的递增方式为图层命名，如图 7.2 所示。

图 7.1　"图层"控制面板

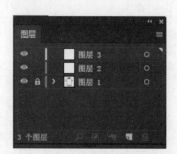

图 7.2　默认图层命名方式

在每个图层中，包含以下图标：

（1）"眼睛"图标 ⬤，用于显示或隐藏图层。

（2）"锁定"图标 🔒，用于锁定当前图层和透明区域，不能被编辑。

（3）"三角形"按钮 ❯，用于展开或折叠图层。当按钮为折叠状态时，表示该图层中内容处于未显示状态，单击该按钮时，按钮形状成为倒三角 ❮，可查看图层中所有的对象，如图 7.3 所示。

在"图层"控制面板的最下边有 5 个按钮，如图 7.4 所示，最左端显示当前文件共包含几个图层。

图 7.3　图层展开

图 7.4　"图层"控制面板按钮

各个按钮功能如下：

"定位对象"按钮 🔍：单击此按钮，可以选中所选对象所在的图层。

"建立/释放剪切蒙版"按钮 ▣：单击此按钮，可在当前图层上建立或释放一个蒙版。

"创建新子图层"按钮 ⧉：单击此按钮，可以为当前图层新建一个子图层。

"创建新图层"按钮 ⧉：单击此按钮可以在当前图层上面新建一个图层。

"删除所选图层"按钮 🗑：单击此按钮，可以删除选中的图层。

### 7.1.2　编辑图层

通过"图层"控制面板可以新建图层、新建子图层、合并图层和建立图层蒙版等。

#### 1. 新建图层

（1）使用"图层"控制面板下拉菜单。

单击"图层"控制面板右上方的"菜单"按钮 ☰，在弹出的菜单中选择"新建图层"命令，弹出"图层选项"对话框，如图 7.5 所示。其中，"名称"选项用于设置图层的名称，"颜色"选项设置新图层的颜色。单击"确定"按钮，可在原有图层的基础上建立一个新图层，如图 7.6 所示。

图 7.5　"图层选项"对话框

图 7.6　新建图层

（2）使用"图层"控制面板按钮。

单击"图层"控制面板下方的"创建新图层"按钮，可以创建一个新图层。

（3）快捷键。

按住 Alt 键的同时，单击"图层"控制面板下方的"创建新图层"按钮，弹出"图层选项"对话框；按住 Ctrl 键的同时，单击"图层"控制面板下方的"创建新图层"按钮，可以在当前选中的图层上方建立一个新图层。

2. 新建子图层

单击"图层"控制面板下方的"创建新子图层"按钮，或者单击"图层"控制面板上的"菜单"按钮，在弹出的菜单中选择"新建子图层"命令，可在当前选中的图层中新建一个子图层，如图 7.7 所示。按住 Alt 键，再单击"创建新子图层"按钮，亦可弹出"图层选项"对话框，设置方法与新建图层相同。

3. 选择图层

单击图层，图层显示为深灰色，如图 7.8 所示，并在图层后方出现一个表示当前图层被选中的标志。按住 Shift 键，分别单击两个不同图层，即可选择两个图层之间的多个连续图层。按住 Ctrl 键，逐个单击要选择的图层，可以选择多个不连续图层。

图 7.7　创建子图层效果

图 7.8　选择图层

4. 复制图层

复制图层时，图层中所有对象包括路径、编组等都会被复制。

（1）使用"图层"控制面板下拉菜单。

选择要复制的图层"图层 1"，然后单击"图层"控制面板下拉菜单按钮，在弹出的菜单中选择"复制图层 1"命令，在"图层 1"上方出现"图层 1_副本"图层，图层复制完毕，效果如图 7.9 所示。

图 7.9　下拉菜单方式复制图层

（2）使用"图层"控制面板按钮。

选中"图层 1"，按住鼠标左键直接拖曳到"图层"控制面板下方中的"创建新图层"按钮 上，即可复制图层。

5. 删除图层

（1）使用"图层"控制面板下拉菜单。

选中要删除的图层"图层 2"，然后单击"图层"控制面板下拉"菜单"按钮 ，在弹出的菜单中选择"删除"图层 2""命令，图层即可被删除，效果如图7.10所示。

图 7.10　下拉菜单方式删除图层

（2）使用"图层"控制面板按钮。

选中要删除的图层，单击"图层"控制面板下方的"删除所选图层"按钮 ，即可删除图层。亦可按住鼠标左键，直接拖曳到"删除所选图层"按钮 上，也可删除图层。

6. 隐藏或显示图层

隐藏图层时，该图层中的对象则不会在绘图页中显示。

（1）使用"图层"控制面板下拉菜单。

选中图层"照相机"，然后单击"图层"控制面板下拉"菜单"按钮 ，在弹出的菜单中选择"隐藏其他图层"命令，"图层"控制面板中除当前被选中图层外，其他图层都被隐藏，效果如图7.11所示。

（2）使用"眼睛"图标。

选中图层"照相机"，单击该图层前面的"眼睛"图标 ，可隐藏该图层，效果如图7.12所示。再次单击，即可显示该图层。如果单击"眼睛"图标，不释放鼠标左键，向上或向下拖曳，光标所经过的图标都会被隐藏。

图 7.11　下拉菜单方式隐藏图层

图 7.12　隐藏图层

（3）使用"图层选项"对话框。

双击"图层"控制面板中的"照相机"图层，弹出"图层选项"对话框，如图7.13所示，取消"显示"复选框，单击"确定"按钮，图层即被隐藏。

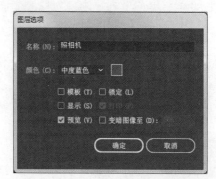

图 7.13　"图层选项"对话框"显示"选项

7. 锁定图层

锁定图层后，该图层中的所有对象将不能被选择或编辑。

（1）使用"图层"控制面板下拉菜单。

选择图层"照相机"，然后单击"图层"控制面板下拉菜单按钮，在弹出的菜单中选择"锁定其他图层"命令，"图层"控制面板中除当前被选中的图层外，其他图层都被锁定，效果如图7.14 所示。选择"解锁所有图层"命令，可以解除所有图层的锁定，效果如图7.15 所示。

图 7.14　锁定图层

图 7.15　解锁图层

（2）使用"对象"命令。

选择【对象】→【锁定】→【其他图层】命令，可锁定其他图层为被选中图层。

（3）使用"图层"控制面板锁定图标。

单击要锁定图层左边第二个方框，如图 7.16 所示，则出现"锁定"图标，图层即被锁定。再次单击锁定图标，即解除对此图层的锁定状态。

图 7.16　锁定图标位置

（4）使用"图层选项"对话框。

在"图层"控制面板中双击要锁定的图层，弹出"图层选项"对话框，选择"锁定"复选框，单击"确定"按钮，图层被锁定。

8. 合并图层

在"图层"控制面板总选择需要合并的图层，如图 7.17 所示，然后单击"图层"控制面

板下拉菜单按钮 ，在弹出的菜单中选择"合并所选图层"命令，则选中的图层合并到最后一个选择的图层或编组中，如图 7.18 所示。如选择下拉菜单中的"拼合图稿"命令，所有可见图层将合并为一个图层。合并图层不会改变对象在绘图页上的排序。

图 7.17　选中合并图层

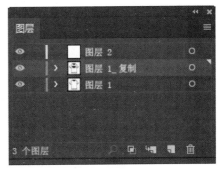

图 7.18　合并后图层

### 7.1.3　使用图层

在"图层"控制面板中可以选择绘图页中的对象，切换对象的显示方式及外观属性等。

1. 选择对象

（1）使用"图层"控制面板中的目标图标。

当图层中有多个对象时，选中图层，不代表显示选中图层对象。因此，选中"图层"控制面板图层右侧的目标图标 ，目标图标变成 形状，表示图层中的所有对象全部被选中，效果如图 7.19 所示。

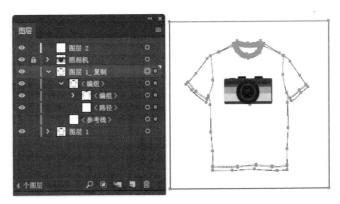

图 7.19　目标图标

（2）快捷键。

按住 Alt 键的同时单击图层，此图层中的对象将全部被选中。

（3）使用"选择"菜单命令。

使用【选择工具】 选中某一个图层中的任意一个对象，然后执行【选择】→【对象】→【同一图层上的所有对象】命令，则图层中全部对象被选中。

2. 更改对象的外观属性

在 Illustrator CC 中，如果对一个图层应用一种特殊效果，则该图层中的所有对象都应用该效果。如将图层中的对象移动到此图层外，对象将不再具有这种效果。注意：效果仅作用于该图层，而不是对象。

选中要改变外观属性的图层，如图 7.20 所示。选择图层中的全部对象后，选择【效果】→【变形】→【弧形】命令，在弹出的"变形选项"对话框中设置相关参数，单击"确定"按钮，则该图层中所有对象都变成弧形效果，如图 7.21 所示。

图 7.20　选中图层

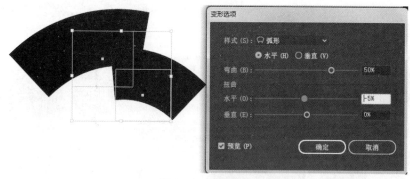

图 7.21　变形效果

对图层应用效果后，目标图标也会随之发生变化。

当目标图标显示为 ◯ 时，表示当前图层没有对象被选择且无外观属性。

当目标图标显示为 ◉ 时，表示当前图层所有对象被选中但无外观属性。

当目标图标显示为 ◉ 时，表示当前图层没有对象被选中但有外观属性。

当目标图标显示为 ◉ 时，表示当前图层所有对象被选中且有外观属性。

移动对象的外观属性：将已应用外观属性图层的目标图标拖曳到需要应用该外观属性图层的目标图标上，则该图层应用了原图层的外观属性，原图层的外观属性消失。在拖曳的同时按住 Alt 键，则可复制图层的外观属性。

删除对象的外观属性：拖曳已应用外观属性图层的目标图标到"图层"控制面板的"删除所选图层"按钮 🗑 上，可删除该图层的外观属性，但该图层路径的填充颜色和描边保留。

### 3. 移动图层和对象

在平面设计中，可通过调整图层或对象之间的顺序，改变设计效果。

选择要移动的图层或对象，按住鼠标左键将该图层或对象拖曳到需要的位置，释放鼠标后，图层对象被移动，移动图层效果如图 7.22 所示，移动对象效果如图 7.23 所示。

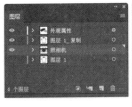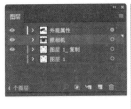

图 7.22　移动图层效果

图 7.23　移动对象效果

选择"外观属性"图层中的对象，如图 7.24 所示，然后选择需要放置对象的新建图层"图层 5"，如图 7.25 所示，然后选择【对象】→【排列】→【发送至当前图层】命令，可将对象移动到当前选中的图层，移动后，对象的外观属性消失。

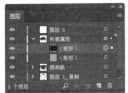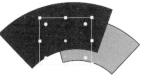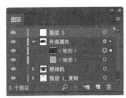

图 7.24　选中图层对象　　　　　　　　图 7.25　选择要放置对象的图层

### 7.1.4　实战案例——名片的制作

**1．任务说明**

通过对图层的基本操作绘制名片，效果如图 7.26 所示。

扫码看视频

图 7.26　名片效果

**2．任务分析**

通过本任务的学习，熟练掌握图层新建、复制等命令，并结合图形绘制的方法完成名片的绘制。

3. 操作步骤

（1）新建一个 300px*200px 的画布。选择【矩形工具】 ▭，绘制一个 300px*200px 的矩形充当背景，填充黑色。使用快捷键 Ctrl+2 锁定背景或者选择左侧工具栏中的"图层工具" 锁定背景，如图 7.27 所示。

图 7.27　锁定背景

（2）单击右侧工具栏中的【图层工具】 ，右下角单击"新建"按钮 新建图层，命名为"名片正面"，如图 7.28 所示。使用【矩形工具】 ▭，在画布上单击鼠标左键建立一个 90px*54px 的矩形，填充白色，效果如图 7.29 所示。

图 7.28　新建图层

图 7.29　绘制矩形

（3）选择工具栏中的【选择工具】 ，选中矩形，单击鼠标右键，在弹出的菜单中选择"建立参考线"命令。在图层面板中，单击锁定参考线，如图 7.30 所示。

图 7.30　建立参考线

（4）选择使用【矩形工具】 ▭，在画布上单击鼠标左键绘制一个 94px*58px 的矩形，并填充白色取消描边。选择【选择工具】 框选所有形状，鼠标左键再次单击参考线。执行【窗口】→【对齐】命令调出"对齐"面板，使矩形以参考线为对象水平垂直居中对齐，如图 7.31 所示，效果如图 7.32 所示。

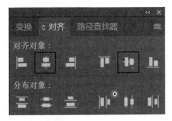

图7.31　"对齐"面板　　　　　　　　　　图7.32　绘制白色矩形

（5）使用【钢笔工具】 ✍，勾勒出如图7.33所示的形状，并填充蓝色"#2232FF"。

（6）使用【钢笔工具】 ✍，勾勒出如图7.34所示的梯形，并填充灰色"#LELELE"。选择工具栏中的【椭圆工具】 ⬭，按住 Shift 键并按住鼠标左键拖动鼠标绘制正圆，填充白色"#FFFFFF"，效果如图7.35所示。

图7.33　绘制蓝色梯形　　　　图7.34　绘制黑色梯形　　　　图7.35　绘制正圆

（7）选择工具栏中的【椭圆工具】 ⬭，按住 Shift 键并按住鼠标左键拖动鼠标绘制正圆，无填充，描边颜色为蓝色"#2232FF"，具体效果如图7.36所示。

（8）选择工具栏中的【椭圆工具】 ⬭，按住 Shift 键并按住鼠标左键拖动鼠标绘制正圆，填充白色"#FFFFFF"。按住 Alt 键并拖曳鼠标复制正圆，复制2个，具体效果如图7.37所示。

（9）选择工具栏中的【文字工具】 ▥，在名片上添加公司名称，并填充白色"#FFFFFF"，形成反白效果，具体效果如图7.38所示。

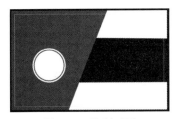

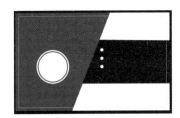

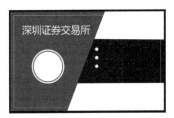

图7.36　绘制正圆　　　　　图7.37　绘制正圆　　　　　图7.38　添加公司名称

（10）选择工具栏中的【文字工具】 ▥，在名片上添加姓名职务，并填充黑色"#000000"，具体效果如图7.39所示。

（11）选择工具栏中的【文字工具】 ▥，鼠标左键拖曳出一个文本框，添加联系电话、邮箱、公司地址等信息，填充白色。具体效果如图7.40所示。

（12）单击选择左侧工具栏中的【图层工具】 ❖，右下角单击按钮 ▣ 新建图层，命名为"名片背面"。解锁"名片正面"图层的所有路径。选择工具栏中的【选择工具】 ▷，按住 Shift 键选中矩形、参考线、蓝色梯形。鼠标左键按住 Alt 键进行拖曳复制路径。将复制后的路径拖曳至"名片背面"图层，图层情况如图7.41所示，具体效果如图7.42所示。

图 7.39　添加姓名职务

图 7.40　添加其余信息

图 7.41　图层情况

图 7.42　复制路径

（13）选择工具栏中的【文字工具】 ，在名片上添加公司名称，填充黑色。具体效果如图 7.43 所示。

（14）选择使用【矩形工具】 ，按住 Shift 键同时按住鼠标左键绘制一个 20px*20px 的正方形，填充白色。具体效果如图 7.44 所示。

图 7.43　添加公司名称

图 7.44　绘制矩形

（15）选择【文件】→【置入】命令，弹出"置入"对话框，打开"ch07/素材/名片的制作"，选中素材图片"二维码"，单击"置入"按钮，该图像置入到绘图页中。调整至合适大小置于正方形内。选择【选择工具】 并按住 Shift 键同时选中二维码和正方形，鼠标左键再次单击正方形。执行【窗口】→【对齐】命令调出"对齐"面板，使二维码以正方形为中心水平居中对齐，具体效果如图 7.45 所示。

图 7.45　添加公司二维码图片

（16）选择工具栏中的【选择工具】，分别框选名片正面、名片背面所有路径，单击鼠标右键，在弹出的菜单中选择"编组"命令进行编组，最终效果如图 7.46 所示。

图 7.46　名片效果图

## 7.2　图层蒙版

使用蒙版可以将多个对象进行无缝融合，当一个对象作为蒙版后，对象的内部变得完全透明，从而显示其下方的对象。

### 7.2.1　创建图像蒙版

选择【文件】→【置入】命令，弹出"置入"对话框，选择"ch07/素材/img01"图像文件，单击"置入"按钮，该图像置入到绘图页中，效果如图 7.47 所示。选择【椭圆工具】，在图像上方绘制一个椭圆形对象，如图 7.48 所示。

图 7.47　置入图片效果

图 7.48　绘制椭圆对象

（1）"剪切蒙版"命令。

使用【选择工具】，同时选中图像和椭圆形对象，选择【对象】→【剪切蒙版】→【建立】命令或按组合键为 Ctrl+7，制作蒙版效果，效果如图 7.49 所示，椭圆形蒙版外面的部分被隐藏。注意，蒙版的图层必须在图像的上方。

（2）鼠标右键方式。

使用【选择工具】，同时选中图像和椭圆形对象，单击鼠标右键，在弹出的菜单中选择"建立剪切蒙版"命令，如图 7.50 所示。

（3）"图层"控制面板方式。

使用【选择工具】，同时选中图像和椭圆形对象，单击"图层"控制面板上方的菜单按钮，在弹出的菜单中选择"建立剪切蒙版"命令。

图 7.49  图像蒙版效果图

图 7.50  鼠标右键方式建立剪切蒙版

### 7.2.2  编辑图像蒙版

（1）查看蒙版。

使用【选择工具】选中蒙版图像，单击"图层"控制面板上方的"菜单"按钮，在弹出的菜单中选择"定位对象"命令，即可定位蒙版对象，如图 7.51 所示。

图 7.51  定位蒙版对象

（2）进入隔离模式。

选中"剪切组"对象后，单击"图层"控制面板上方的"菜单"按钮，在弹出的菜单中选择"进入隔离模式"命令，蒙版处于编辑状态，可对蒙版进行编辑。编辑后，可单击菜单中的"退出隔离模式"命令，退出隔离模式。

（3）编辑蒙版对象。

通过双击绘图页面的图像区域，也可进入隔离模式，在隔离模式中可以编辑蒙版。剪切组编辑窗口，如图 7.52 所示。在该窗口中可以通过拖动鼠标改变蒙版显示区域，如图 7.53 所示。双击绘图页面以外的地方，可退出隔离模式。

（3）删除被蒙版对象。

选择被蒙版对象，单击"图层"控制面板右上方的"菜单"按钮，在弹出的菜单中选择"删除"<链接的文件>""命令，如图 7.54 所示。选择该命令后，被蒙版对象被删除，"图层"控制面板情况如图 7.55 所示。

图7.52　剪切组编辑窗口

图7.53　编辑蒙版显示区域

图7.54　删除被蒙版对象

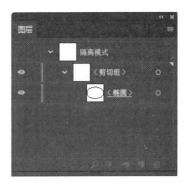

图7.55　删除后

选中被蒙版对象后，通过"图层"控制面板下方的"删除所选图层"按钮，也可删除被蒙版对象。

（4）替换被蒙版对象。

重新选择图像对象，置入绘图页中，如图7.56所示。选中新置入的图像对象，按住鼠标左键，拖曳到"剪切组"蒙版图层下方，如图7.57所示。

图7.56　重新置入对象

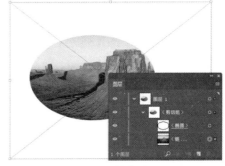

图7.57　替换效果

### 7.2.3　实战案例——剪切蒙版抠图

#### 1. 任务说明

通过图层蒙版的原理进行抠图，完成特殊的剪切效果，如图7.58所示。

扫码看视频

图 7.58  剪切抠图效果

2. 任务分析

通过本任务的学习，熟练掌握图层蒙版的原理以及操作方法，并利用图层蒙版完成抠图。

3. 操作步骤

（1）新建一个通用画布 1366px*768px，或者直接使用快捷键 Ctrl+N 新建一个画布。

（2）选择【文件】→【置入】命令，弹出"置入"对话框，打开"ch07/素材/剪切蒙版抠图"，选中素材图片"菜肴"，单击"置入"按钮，该图像置入到绘图页中，效果如图 7.59 所示。

（3）选择工具栏中的【钢笔工具】 ✏，无填充无描边，勾勒出盘子的路径，效果如图 7.60 所示。

图 7.59  嵌入图片

图 7.60  勾勒路径

（4）选择工具栏中的【选择工具】 ▷，按住 Shift 键同时选中路径和图片。选择菜单【对象】→【剪切蒙版】→【建立】命令，效果如图 7.61 所示。

（5）选择左侧工具栏中的【矩形工具】 ▢，单击画布，出现"矩形"对话框，建立宽度为 1030px，高度为 660px 的矩形，填充黑色。利用【选择工具】 ▷ 选中矩形，鼠标右键执行【排列】→【置于底层】命令，为抠出的图片添加背景，最终效果如图 7.62 所示。

图 7.61  建立剪切蒙版

图 7.62  剪切蒙版抠图效果图

# 7.3　文本蒙版

在 Illustrator CC 中，可以将文本作为蒙版，丰富设计效果。

### 7.3.1　创建文本蒙版

（1）"剪切蒙版"命令。

使用【圆角矩形工具】在绘图页面上绘制一个适当大小的圆角矩形，通过"图形样式"面板填充样式，如图 7.63 所示。

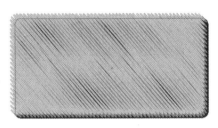

图 7.63　绘制圆角矩形

选择【文字工具】，在矩形区域输入文字，如图 7.64 所示。使用【选择工具】同时选中文字和圆角矩形图层，选择【对象】→【剪切蒙版】→【建立】命令（组合键 Ctrl+7），蒙版效果如图 7.65 所示。

图 7.64　输入文字

图 7.65　文本蒙版效果

（2）鼠标右键方式。

使用【选择工具】选中文字对象和圆角矩形，在选中的对象上单击鼠标右键，在弹出的菜单中选择"建立剪切蒙版"命令，同样可以制作图 7.65 所示效果。

（3）"图层"控制面板方式。

使用【选择工具】选中文字对象和圆角矩形，单击"图层"控制面板上方的"菜单"按钮，在弹出的菜单中选择"建立剪切蒙版"命令，也可制作文本蒙版效果。

### 7.3.2　编辑文本蒙版

使用【选择工具】选中文字对象，选择【文字】→【创建轮廓】命令，则文本转换为路径，路径出现锚点，如图 7.66 所示。通过【直接选择工具】可选取路径上的锚点，对路径进行编辑，改变文字效果，如图 7.67 所示。

图 7.66　文本蒙版路径锚点

图 7.67　修改路径效果

### 7.3.3　实战案例——校园春色

扫码看视频

**1. 任务说明**

通过文字蒙版可以将文字以图片的方式显示出来，效果如图 7.68 所示。

图 7.68　文字蒙版效果

**2. 任务分析**

通过本任务的学习，熟练掌握创建文字蒙版的三种方法。

**3. 操作步骤**

（1）新建一个通用画布 1366px*768px，或者直接使用快捷键 Ctrl+N 新建一个画布。

（2）选择【文件】→【置入】命令，弹出"置入"对话框，打开"ch07/素材/校园春色"，选中素材图片"校园春色"，单击"置入"按钮，该图像置入到绘图页中，效果如图 7.69 所示。

图 7.69　嵌入图片

（3）选择工具栏中的【文字工具】，在图片上输入文字"校园春色"，选择菜单【窗口】→【文字】→【字符】命令，调出"字符"面板。字号设为 200pt，选择字体"迷你简综艺"，如图 7.70 所示，设置文字填充颜色为"黑色"，效果如图 7.71 所示。

图 7.70　"字符"面板

图 7.71　输入文字

（4）选择工具栏中的【选择工具】 ，按住 Shift 键的同时选中文字和图片，执行【对象】→【剪切蒙版】→【建立】命令，完成最终效果。

# 7.4　"透明度"控制面板

在 Illustrator CC 中，透明度是非常重要的外观属性之一。通过"透明度"控制面板可以实现降低对象的不透明度，以使底层的图稿变得可见；使用不透明蒙版来创建不同的透明度；使用混合模式来更改重叠对象之间颜色的相互影响方式。

## 7.4.1　认识"透明度"控制面板

选择【窗口】→【透明度】命令或按组合键 Shift+Ctrl+F10，弹出"透明度"控制面板，如图 7.72 所示。单击"透明度"控制面板右上方的"菜单"按钮 ，弹出菜单如图 7.73 所示。在弹出的菜单中选择"显示缩览图"命令，"透明度"控制面板中显示对象的缩览图，如图 7.74 所示。选择"显示选项"命令，则在"透明度"控制面板中显示透明度的相关设置选项，如图 7.75 所示。

图 7.72　"透明度"控制面板

图 7.73　透明度弹出式菜单

图 7.74　显示缩览图

图 7.75　显示选项

1．"透明度"控制面板相关属性

（1）"不透明度"选项：设置不同的数值，可以改变对象的透明度。

在绘图页中分别绘制两个对象，如图 7.76 所示。选定"椭圆"对象，调整其"透明度"控制面板的"不透明度"值为 50%，效果如图 7.77 所示。选定"矩形"对象，调整其"透明度"控制面板的"不透明度"值为 50%，效果如图 7.78 所示。将"矩形"对象和"椭圆"对象的不透明度重新调整为 100%，然后选中"图层 1"图层，设置图层的"不透明度"值为 50%，效果如图 7.79 所示。

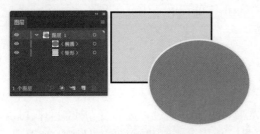

图 7.76　绘制两个对象

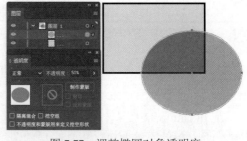

图 7.77　调整椭圆对象透明度

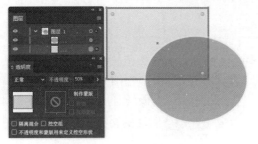

图 7.78　调整矩形对象透明度

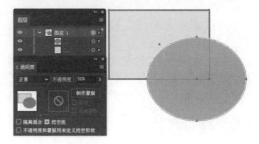

图 7.79　设置图层透明度

从图 7.76、图 7.77 和图 7.78 的透明度设置可以看出，如果设置一个图层多个对象的不透明度，则选定对象重叠区域的透明度会相对于其他对象发生改变，同时会显示出累积的不透明度。如果定位一个图层或组，然后改变其不透明度，则图层或组中的所有对象都会被视为单一对象来处理。如果某个对象被移入此图层或组，它就会具有此图层或组的不透明度设置，而如果某一对象被移出，则其不透明度设置也将被去掉，不再保留。

在绘图区绘制一个对象，选择【窗口】→【外观】命令，打开"外观"控制面板，该面板中包含对象的描边和填充信息。在"图层"控制面板中选择五角星对象，然后选择"外观"控制面板中"描边"层后，在"透明度"面板中设置"不透明度"为 50%，即可修改对象的描边透明度，如图 7.80 所示。在"外观"控制面板中选择"填充"层，在"透明度"面板中设置"不透明度"为 50%，可更改对象填充的不透明度，如图 7.81 所示。

图 7.80　设置描边不透明度

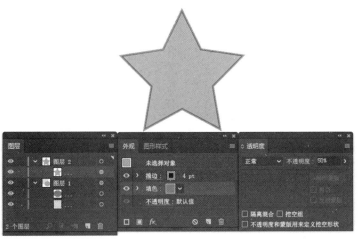

图 7.81　设置填充不透明度

（2）"隔离混合"选项：不透明度的设置只针对当前组合或图层的其他对象。

（3）"挖空组"选项：用于设置图层或对象是否能够透过彼此显示。"挖空组"选项包括三种状态：选中标记☑挖空组、无标记☐挖空组和中性▬挖空组。要编组图稿，又不想与涉及的图层或组所决定的挖空行为产生冲突时，可使用中性选项。当想确保透明对象的图层或组彼此不会挖空时，请使用关闭选项。选中标记时效果如图 7.82 所示，无标记时效果如图 7.83 所示。

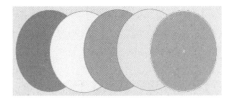

图 7.82　选中标记效果

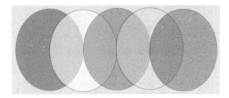

图 7.83　无标记效果

（4）"不透明度和蒙版用来定义挖空形状"选项：使用不透明度蒙版来定义对象的不透明度。

2．"不透明度蒙版"相关命令

使用不透明蒙版和蒙版对象来更改图稿的透明度。蒙版对象定义了透明区域和透明度。可以将任何着色对象或栅格图像作为蒙版对象。Illustrator CC 使用蒙版对象中颜色的等效灰度来表示蒙版中的不透明度。如果不透明蒙版为白色，则会完全显示图稿。如果不透明蒙版为黑色，则会隐藏图稿。蒙版中的灰阶会导致图稿中出现不同程度的透明度。

（1）"建立不透明蒙版"命令：使用【选择工具】▷在绘图页选中两个对象，选择"透明度"控制面板"菜单"按钮下的"建立不透明蒙版"命令，上方的对象作为蒙版对象，下方的对象作为被蒙版对象，"透明度"控制面板和效果如图 7.84 所示。在创建不透明蒙版时，"透明度"面板中被蒙版的对象缩览图右侧将显示蒙版对象的缩览图。默认情况下，被蒙版对象和蒙版对象处于链接状态，面板中的缩览图之间会显示一个链接按钮🔗。移动被蒙版对象时，蒙版对象也会随之移动；单击蒙版缩略图，进入不透明蒙版编辑状态，移动蒙版对象时，被蒙版对象却不会随之移动，如图 7.85 所示，单击被蒙版对象缩略图退出不透明蒙版编辑状态。在"透明度"控制面板中，单击"指示不透明蒙版链接到图稿"按钮🔗可取消蒙版链接，选择蒙版对象或被蒙版对象缩略图，可分别移动蒙版对象和被蒙版对象。

图 7.84　建立不透明度蒙版

图 7.85　移动蒙版对象

（2）"释放不透明蒙版"命令：不透明度蒙版被释放，恢复对象原有效果。

（3）"停用/启用不透明蒙版"命令：不透明蒙版被禁用，"透明度"控制面板及图层效果如图 7.86 所示。要重新激活蒙版，可在"图层"面板中选定被蒙版对象，从"透明度"面板菜单中选择"启用不透明蒙版"命令。

图 7.86　停用不透明蒙版效果

（4）"取消链接不透明蒙版"命令：取消蒙版对象和被蒙版对象之间的链接关系。该命令可将蒙版对象和被蒙版对象缩略图之间的"指示不透明蒙版链接到图稿"按钮 🔗 转换为"单击可将不透明蒙版链接到图稿"按钮 🔳。当取消蒙版对象与被蒙版对象之间的链接关系时，通过鼠标移动图像，可以改变图像在蒙版范围内的显示图像。

（5）"剪切"选项和"反相蒙版"选项。

在绘图页中绘制两个对象，如图 7.87 所示。建立"不透明蒙版"后，效果如图 7.88 所示。建立不透明蒙版后，"剪切"选项处于选中状态，蒙版对象背景为黑色，表示隐藏蒙版对象范围以外的所有区域。取消"剪切"选项，显示被蒙版对象的全部形状，蒙版对象部分处于对应灰度透明状态，效果如图 7.89 所示。

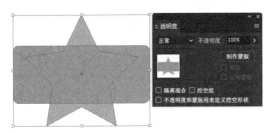

图 7.87　绘制对象

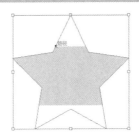

图 7.88　建立不透明蒙版效果

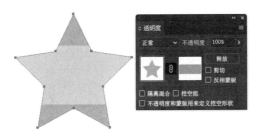

图 7.89　取消"剪切"选项后效果

　　"反向蒙版"选项用于反相蒙版对象的透明度值。例如，90%透明度区域在蒙版反相后变为 10%透明度的区域。取消选择"反向蒙版"选项，可将蒙版恢复为原始状态。

### 7.4.2　"透明度"面板中的混合模式

　　混合模式可以用不同的方法将对象颜色与底层对象的颜色混合。当将一种混合模式应用于某一对象时，在此对象的图层或组下方的任何对象上都可看到混合模式的效果。其中，混合色是选定对象、组或图层的原始色彩；基色是图稿的底层颜色；结果色是混合后得到的颜色。

　　在"透明度"面板中包含 16 种混合模式，如图 7.90 所示。

图 7.90　混合模式

　　（1）正常：默认方式，混合色不与基色相互作用，效果如图 7.91 所示。
　　（2）变暗：选择基色或混合色中较暗的一个作为结果色。比混合色亮的区域会被结果色取代，比混合色暗的区域将保持不变，效果如图 7.92 所示。

图 7.91　正常混合模式效果

图 7.92　变暗混合模式效果

（3）正片叠底：将基色与混合色相乘。得到的颜色总是比基色和混合色都要暗一些。将任何颜色与黑色相乘都会产生黑色。将任何颜色与白色相乘则颜色保持不变，效果如图 7.93 所示。

（4）颜色加深：加深基色以反映混合色，与白色混合后不产生变化，效果如图 7.94 所示。

图 7.93　正片叠底混合模式效果

图 7.94　颜色加深混合模式效果

（5）变亮：选择基色或混合色中较亮的一个作为结果色。比混合色暗的区域将被结果色所取代，比混合色亮的区域将保持不变，效果如图 7.95 所示。

（6）滤色：将混合色的反相颜色与基色相乘。得到的颜色总是比基色和混合色都要亮一些。用黑色滤色时颜色保持不变，用白色滤色将产生白色，效果如图 7.96 所示。

图 7.95　变亮混合模式效果

图 7.96　滤色混合模式效果

（7）颜色减淡：加亮基色以反映混合色，与黑色混合则不发生变化，效果如图 7.97 所示。

（8）叠加：对颜色进行相乘或滤色，具体取决于基色。图案或颜色叠加在现有的图稿上，在与混合色混合以反映原始颜色的亮度和暗度的同时，保留基色的高光和阴影，效果如图 7.98 所示。

图 7.97　颜色减淡混合模式效果

图 7.98　叠加混合模式效果

（9）柔光：使颜色变暗或变亮，具体取决于混合色。如果混合色（光源）比 50% 灰色亮，图片将变亮，就像被减淡了一样。如果混合色（光源）比 50% 灰度暗，则图稿变暗，就像加深后的效果。使用纯黑色或纯白色上色，可以产生明显变暗或变亮的区域，但不能生成纯黑色或纯白色，效果如图 7.99 所示。

（10）强光：对颜色进行相乘或过滤，具体取决于混合色。如果混合色（光源）比 50% 灰色亮，图片将变亮，就像过滤后的效果。这对于给图稿添加高光很有用。如果混合色（光源）比 50% 灰度暗，则图稿变暗，就像正片叠底后的效果。这对于给图稿添加阴影很有用。用纯黑色或纯白色上色会产生纯黑色或纯白色，效果如图 7.100 所示。

图 7.99　柔光混合模式效果

图 7.100　强光混合模式效果

（11）差值：从基色减去混合色或从混合色减去基色，具体取决于哪一种的亮度值较大。与白色混合将反转基色值，与黑色混合则不发生变化，效果如图 7.101 所示。

（12）排除：创建一种与差值模式相似但对比度更低的效果。与白色混合将反转基色分量，与黑色混合则不发生变化，效果如图 7.102 所示。

图 7.101　差值混合模式效果

图 7.102　排除混合模式效果

（13）色相：用基色的亮度和饱和度以及混合色的色相创建结果色，效果如图 7.103 所示。

（14）饱和度：用基色的亮度和色相以及混合色的饱和度创建结果色。在无饱和度（灰度）的区域上用此模式着色不会产生变化，效果如图 7.104 所示。

图 7.103　色相混合模式效果

图 7.104　饱和度混合模式效果

（15）混色：用基色的亮度以及混合色的色相和饱和度创建结果色。这样可以保留图稿中的灰阶，用于给单色图稿上色以及给彩色图稿染色，效果如图 7.105 所示。

（16）明度：用基色的色相和饱和度以及混合色的亮度创建结果色。此模式创建与颜色模式相反的效果，效果如图 7.106 所示。

图 7.105　混色混合模式效果

图 7.106　明度混合模式效果

**注意**：差值、排除、色相、饱和度、颜色和明度模式都不能与专色相混合，而且对于多数混合模式而言，指定为 100% K 的黑色会挖空下方图层中的颜色。请不要使用 100%黑色，应改为使用 CMYK 值来指定复色黑。

### 7.4.3　实战案例——蓝色弯月

扫码看视频

**1. 任务说明**

通过透明度面板和渐变工具的使用制作蓝色月夜效果，如图 7.107 所示。

图 7.107　文字蒙版效果

**2. 任务分析**

通过本任务的学习，熟练掌握透明度面板中"剪切"选项的使用方法。

**3. 操作步骤**

（1）选择【文件】→【新建】命令，在新建窗口中设置绘图页大小为 1366px*768px。

（2）选择左侧工具栏中的【矩形工具】，鼠标左键单击画布，出现矩形对话框，建立宽度为 1000px，高度为 700px 的矩形，对话框如图 7.108 所示。填色为"#0e2a35"，无描边，效果如图 7.109 所示。

图 7.108　"矩形"对话框

图 7.109　绘制深蓝色矩形

（3）选择工具栏中的【椭圆工具】，按住 Shift 键拖曳鼠标绘制一个正圆，半径为 357px，填充颜色为"白色"，效果如图 7.110 所示。

（4）选择右侧工具栏中的【透明度工具】，在打开的"透明度"面板中，单击"制作蒙版"，取消"剪切"勾选，单击选中右边蒙版区域，如图 7.111 所示。

图 7.110　绘制深蓝色矩形

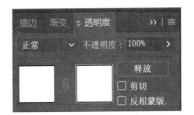

图 7.111　设置"透明度"面板

（5）选择工具栏中的【椭圆工具】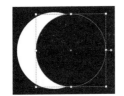，按住 Shift 键同时拖曳鼠标绘制一个正圆，半径为 339px，填充颜色为"黑色"，无描边，效果如图 7.112 所示。此时，"透明度"面板如图 7.113 所示。

图 7.112　蒙版内绘制正圆

图 7.113　"透明度"面板

（6）打开"渐变"面板，为蒙版内的正圆添加径向渐变效果，"渐变"面板参数设置如图 7.114 所示。绘图区图像效果如图 7.115 所示。

图 7.114　设置"渐变"面板

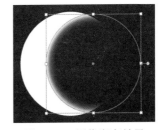

图 7.115　图像渐变效果

（7）打开"透明度"面板，单击选中左侧方块，回到正常编辑状态，"透明度"面板设置情况如图 7.116 所示。选择工具栏中的【椭圆工具】，绘制如图 7.117 所示的椭圆。

图 7.116　"透明度"面板

图 7.117　绘制椭圆

（8）选择工具栏中的【选择工具】，选中"椭圆"对象。打开"渐变"面板，为椭圆添加径向渐变效果。左右滑块均填充为"白色"，右滑块不透明度设为 0%，"渐变"面板参数情况如图 7.118 所示，绘图区图像效果如图 7.119 所示。

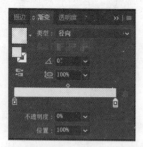

图 7.118　设置"渐变"面板

图 7.119　渐变效果

（9）选择工具栏中的【旋转工具】，按住 Alt 键不放，鼠标左键单击旋转中心。在弹出的"旋转"对话框中设置角度为 90°，单击"复制"按钮，对话框设置参数如图 7.120 所示。具体效果如图 7.121 所示。

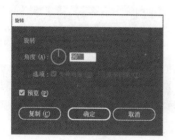

图 7.120　设置"旋转"对话框

图 7.121　旋转后效果图

（10）选择工具栏中的【椭圆工具】，按住 Shift 键同时拖曳鼠标绘制一个正圆，半径为 40px，填充"白色"，如图 7.122 所示。打开"渐变"面板，为椭圆添加径向渐变效果。左右滑块均填充"白色"，右滑块不透明度设为 0%，效果如图 7.123 所示。

图 7.122　绘制正圆

图 7.123　添加渐变

（11）选择工具栏中的【选择工具】，选中蓝色背景，选择菜单【对象】→【创建渐变网格】命令，弹出"创建渐变网格"对话框，创建一个 6 行 4 列的渐变网格，单击"确定"按钮，"创建渐变网格"对话框如图 7.124 所示，效果如图 7.125 所示。

（12）选择工具栏中的【直接选择工具】，按住 Shift 键同时选中如图 7.126 所示的 8 个锚点后，将菜单栏内的不透明度修改为 80%，形成月亮与雾的效果，如图 7.127 所示。

图 7.124 "创建渐变网格"对话框

图 7.125 渐变网格效果

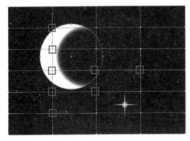

图 7.126 选中多个锚点

图 7.127 云雾效果

（13）蓝色弯月最终效果图如图 7.128 所示。

图 7.128 蓝色弯月效果图

### 7.4.4 实战案例——制作倒影

**1. 任务说明**

通过剪切蒙版和"透明度"面板实现倒影效果，如图 7.129 所示。

扫码看视频

图 7.129 文字蒙版效果

2. 任务分析

本任务中，利用剪切蒙版抠图，再利用透明度面板制作倒影。

3. 操作步骤

（1）新建一个通用画布 1366px*768px，或者直接使用快捷键 Ctrl+N 新建一个画布。

（2）选择【文件】→【置入】命令，弹出"置入"对话框，打开"ch07/素材/制作倒影"，选中素材图片"镜子"，单击"置入"按钮，该图像置入到绘图页中，效果如图 7.130 所示。

（3）选择工具栏中的【钢笔工具】 ✐ ，无填充无描边，勾勒出镜子的路径，效果如图 7.131 所示。

（4）选择工具栏中的【选择工具】 ▷ ，按住 Shift 键同时选中路径和图片。选择菜单【对象】→【剪切蒙版】→【建立】命令，效果如图 7.132 所示。

图 7.130　嵌入图片

图 7.131　勾勒路径

图 7.132　建立剪切蒙版

（5）使用快捷键 Ctrl+C 和快捷键 Ctrl+F 在原图层上面复制出新的香水图片。选择工具栏中的【选择工具】 ▷ ，选中上层图片。选择工具栏中的【镜像工具】 ▷◁ ，将旋转中心拖曳到图片底部。按住 Alt 键不放，鼠标左键单击旋转中心。在打开的"镜像"对话框中选择水平翻转，如图 7.133 所示，效果如图 7.134 所示。

图 7.133　设置"镜像"对话框

图 7.134　复制出倒影

（6）选择工具栏中的【选择工具】 ▷ ，选中倒影图片。选择右侧工具栏中的【透明度工具】 ◑ ，在打开的"透明度"面板中，单击"制作蒙版"，单击选中右边蒙版区域，如图 7.135 所示。选择左侧工具栏中的【矩形工具】 ▭ ，在倒影的位置绘制如图 7.136 所示的矩形。

图 7.135　设置"透明度"面板

图 7.136　绘制矩形

（7）打开"渐变"面板，为矩形添加线性渐变效果，角度为-90°，左滑块填充灰色 "#e6e6e6"。右滑块填充黑色，"渐变"面板设置如图 7.137 所示。制作倒影最终效果图如图 7.138 所示。

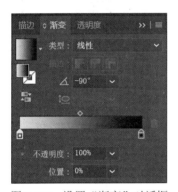

图 7.137　设置"渐变"对话框

图 7.138　制作倒影效果图

## 本章小结

（1）图层的基本操作包括对"图层"控制面板以及图层命令两种方式，对图层的编辑包括新建、删除、锁定、重命名等。

（2）图层蒙板在应用中非常广泛，要求掌握创建图层蒙板的方法以及编辑方法。

（3）文字蒙板的创建和编辑是对文字艺术化的一种方式，应该熟练掌握。

（4）"透明度"控制面板用于控制图层对象之间的融合效果，尤其是通过图层混合模式的应用，会有非常多意想不到的效果。

## 课后习题

一、判断题

1. 通过"图层"面板可以显示或隐藏单个图层。　　　　　　　　　　　　　　　（　　）

2．在"图层选项"对话框中，选择打印选项，该图层不但在屏幕中显示，还可以在打印稿中出现。　　　　　　　　　　　　　　　　　　　　　　　　　（　　）

3．按住 Ctrl 键的同时，单击"图层"面板中的眼睛，可以将图形以线稿形式显示。（

4．当对处于不同图层上的两个图形执行编组命令后，两个图形会在原来位于上面的图层上。　　　　　　　　　　　　　　　　　　　　　　　　　　　　　（　　）

5．若要同时选中两个以上连续的图层，应按住 Ctrl 键。　　　　　　　　　（　　）

## 二、选择题

1．下列快捷键中哪个是剪切蒙版的快捷键？（　　　）

　　A．Ctrl+Y　　　　　B．Ctrl+Shift+O　C．Ctrl+2　　　　　D．Ctrl+7

2．下列哪种方法可以实现渐变透明效果？（　　　）

　　A．渐变工具　　　　B．复合路径　　　　C．剪切蒙版　　　　D．不透明蒙版

3．下列关于蒙版叙述正确的是（　　　）。

　　A．只有矢量对象可以作为剪切蒙版

　　B．剪切蒙版创建后不可以再编辑

　　C．通过"透明度"面板可以创建不透明蒙版

　　D．可以为剪切蒙版设置不透明度

# 拓展训练

根据本章所学的内容，任选下列案例进行制作。

案例 1：制作浩瀚星空文字蒙版，如图 7.139 所示。

扫码看视频

图 7.139　浩瀚星空效果图

案例 2：制作复古镜子，如图 7.140 所示。

扫码看视频

图 7.140　复古镜子

# 第 8 章　封套扭曲与混合效果

## 本章导读

在 Illustrator CC 中可以通过封套效果将图形对象进行递进式渐变,通过混合命令可以产生形状和颜色的混合。

## 本章要点

● 　封套扭曲
● 　混合效果

# 8.1　封套扭曲

在 Illustrator CC 中提供了不同形状的封套类型,利用不同的封套类型可以改变选定对象的形状。除图表、参考线或链接对象以外,在任何对象上都可以使用封套。

### 8.1.1　创建封套

"对象"菜单中"封套扭曲"命令中包含三种创建封套的方法,分别是"用变形建立""用网格建立"和"用顶层对象建立",如图 8.1 所示。

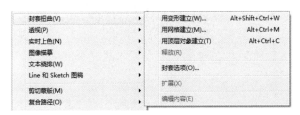

图 8.1　"封套扭曲"命令菜单

1. 用变形建立

在绘图页中绘制一个五角星形状,如图 8.2 所示。选中对象后,选择【对象】→【封套扭曲】→【用变形建立】命令或按组合键 Alt+Shift+Ctrl+W,弹出"变形选项"对话框,如图 8.3 所示。

其中,对话框中各参数功能如下:

(1)"样式":用于设置封套的方式,如图 8.4 所示。

(2)"水平"/"垂直"单选按钮:用于设置指定封套类型的放置位置。

(3)"弯曲"选项:设置对象的弯曲程度。

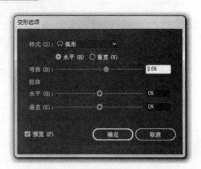

图 8.2　绘制五角星　　　　　　　　　　　　图 8.3　"变形选项"对话框

（4）"扭曲"区域下的"水平/垂直"控制轴：设置应用封套类型在水平或垂直方向上的比例。

（5）"预览"复选框：勾选该选项可以预览封套效果。

设置对话框相关参数，效果如图 8.5 所示。

图 8.4　"样式"下拉列表框　　　　　　　　图 8.5　"用变形建立"封套效果图

2. 用网格建立

选中对象，选择【对象】→【封套扭曲】→【用网格建立】命令或按组合键 Alt+Ctrl+M，弹出"封套网格"对话框，如图 8.6 所示。打开"封套网格"对话框后，通过"预览"可见，对象被网格覆盖，如图 8.7 所示。在对话框中设置"网格"的"行数"和"列数"，可用于调整变形的锚点。

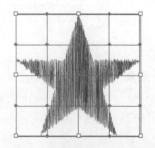

图 8.6　"封套网格"对话框　　　　　　　图 8.7　应用"用网格建立"命令后的效果

3. 用顶层对象建立

"用顶层对象建立"命令实现封套，顶层对象作为路径封套下方对象。在绘图页绘制两

个对象，选择【选择工具】，框选所有形状，如图 8.8 所示。执行【对象】→【封套扭曲】
→【用顶层对象建立】命令或按组合键 Alt+Ctrl+C，效果如图 8.9 所示。

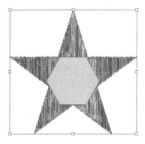

图 8.8　框选两个对象

图 8.9　应用"用顶层对象建立"命令后效果

### 8.1.2　编辑封套

对象进行封套后，封套和对象组合在一起，因此，可以对封套进行编辑，也可对对象进
行编辑。

1．重置封套

选中通过"用变形建立"命令封套的对象，如图 8.10 所示，选择【对象】→【封套扭曲】
→【用变形重置】命令，可再次打开"变形选项"对话框，重新设置对象形状，效果如图 8.11
所示。

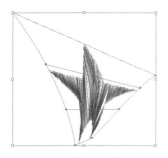

图 8.10　变形封套效果

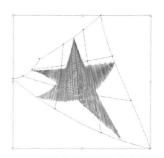

图 8.11　"用变形重置"命令后效果

选中通过"用网格建立"命令封套的对象，如图 8.12 所示，选择【对象】→【封套扭曲】
→【用网格重置】命令，可再次打开"重置封套网格"对话框，重新设置网格行数和列数，效
果如图 8.13 所示。

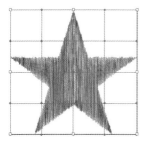

图 8.12　网格封套效果

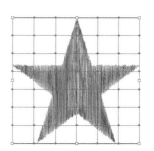

图 8..13　"重置封套网格"命令后效果

利用【直接选择工具】▶或【网格工具】 🔲 可以拖动封套上的锚点进行编辑，如图 8.14 所示。

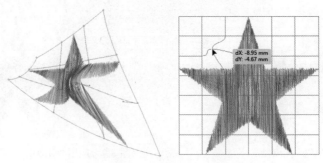

图 8.14　编辑封套的锚点

### 2．编辑封套内容

利用【选择工具】▶选中封套对象，如图 8.15 所示。选择【对象】→【封套扭曲】→【编辑内容】命令或单击"控制"面板中的"编辑内容"按钮 🔲，则会显示封套对象原来的路径形状如图 8.16 所示。使用【直接选择工具】▶可编辑路径上的锚点，如图 8.17 所示。

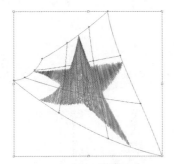 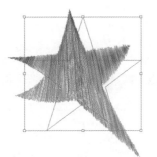 

图 8.15　选中封装对象　　　　图 8.16　编辑内容　　　　图 8.17　拖动锚点

若要恢复封套状态，可单击"控制"面板中的"编辑封套"按钮 🔲 或选择【对象】→【封套扭曲】→【编辑封套】命令。

### 3．删除封套

通过释放封套或扩展封套的方式可删除封套。释放套封对象可创建两个单独的对象：保持原始状态的对象和保持封套形状的对象。扩展封套对象的方式可以删除封套，但对象仍保持扭曲的形状。

### 8.1.3　封套选项

封套选项决定应以何种形式扭曲图稿以适合封套。设置封套选项，需选中封套对象，然后单击"控制"面板中的"封套选项"按钮 🔲 或者选择【对象】→【封套扭曲】→【封套选项】命令，打开"封套选项"对话框，如图 8.18 所示。

"封套选项"对话框中参数含义如下：

（1）"消除锯齿"：在用封套扭曲对象时，可使用此选项来平滑栅格。取消选择"消除锯齿"可降低扭曲栅格所需的时间。

图 8.18　"封套选项"对话框

（2）"保留形状，使用"：当用非矩形封套扭曲对象时，可使用此选项指定栅格应以何种形式保留其形状。选择"剪切蒙版"以在栅格上使用剪切蒙版，或选择"透明度"以对栅格应用 Alpha 通道。

（3）"保真度"：指定要使对象适合封套模型的精确程度。增加"保真度"百分比会向扭曲路径添加更多的点，而扭曲对象所花费的时间也会随之增加。

（4）"扭曲外观"：将对象的形状与其外观属性一起扭曲。

（5）"扭曲线性渐变"：将对象的形状与其线性渐变一起扭曲。

（6）"扭曲图案填充"：将对象的形状与其图案属性一起扭曲。如果选中一个扭曲选项并扩展封套，则相应属性会分别进行扩展。

### 8.1.4　实战案例——飘逸画卷

扫码看视频

**1. 任务说明**

通过封套扭曲和图形工具实现飘逸画卷，如图 8.19 所示。

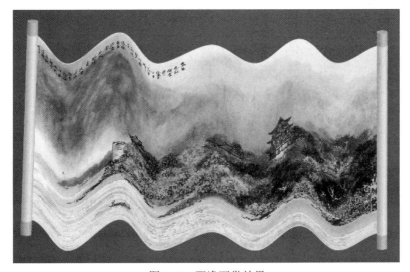

图 8.19　飘逸画卷效果

2．任务分析

本任务中，利用封套扭曲实现画轴的飘逸效果，再利用图形工具绘制轴柄。

3．操作步骤

（1）执行【文件】→【新建】命令新建大小为 3072px*1536px 的文件，将文件命名为"飘逸画卷"。

（2）在菜单栏中执行【文件】→【置入】命令或快捷键 Ctrl+Shift+P，找到素材路径"ch08/素材/实战案例飘逸画卷/山水画"，单击置入，置入后的效果如图 8.20 所示。

图 8.20　嵌入素材后效果

（3）选中素材图层，执行【对象】→【封套扭曲】→【用网格建立】命令或快捷键 Alt+Ctrl+M，在弹出的"封套网格"对话框中将"行数""列数"设置为 8，如图 8.21 所示，设置后效果如图 8.22 所示。

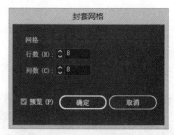

图 8.21　设置"封套网格"对话框

图 8.22　封套网格效果

（4）使用【直接选择工具】▶，框选每列锚点，通过上、下、左、右等方向键进行调整或通过鼠标拖曳的方式调整，调整后效果如图 8.23 所示。

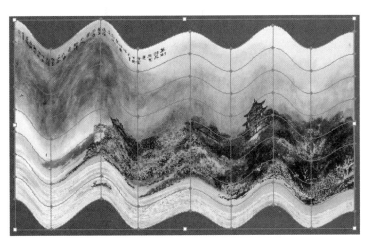

图 8.23　调整方向

（5）使用【矩形工具】▢绘制出一个大小为 45px*1400px 的矩形，填充颜色为金色"#FFF200"，无描边，单击"图层面板"，将此图层命名为"矩形 1"；单击"图层面板"中的"新建图层"，将此图层命名为"矩形 2"，在此图层上使用【矩形工具】▢绘制出一个大小为 45px*1200px 的矩形，填充颜色为浅灰色"#EFEFEF"，无描边，如图 8.24 所示。

（6）选中"矩形 1"及"矩形 2"图层中的矩形，执行【效果】→【3D】→【绕转】，在弹出的"3D 绕转项"面板中，参数默认即可，如图 8.25 所示，单击"确定"按钮，执行后的效果图形如图 8.26 所示。

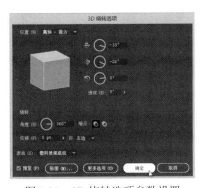

图 8.24　绘制画轴及图层设置　　　图 8.25　3D 绕转选项参数设置　　　图 8.26　画轴绕转后效果

（7）将执行"绕转"后的两个矩形选中，执行【对象】→【扩展外观】命令；选中图层"矩形 2"中的矩形，单击鼠标右键，在弹出的菜单中选择"取消编组"命令，再次执行"取消编组"命令，执行命令后，单击矩形上部的椭圆及椭圆下方的矩形形状将其删除，效果如图 8.27 所示，最终效果如图 8.28 所示。

图 8.27　删除部分示意图　　　　　　　　　　　　图 8.28　画轴最终效果

（8）按住鼠标左键框选画轴，单击鼠标右键，在弹出的菜单中选择"编组"命令或快捷键 Ctrl+G 将其编组，按住 Alt 键，选中画轴对象并拖曳将画轴复制，使用【选择工具】▶️将两个画轴移至山水画卷的两侧，调整好位置，效果如图 8.29 所示。

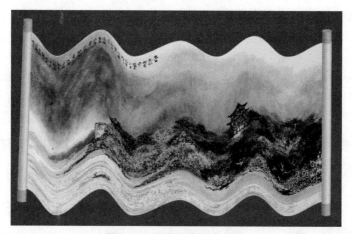

图 8.29　飘逸画卷最终效果

# 8.2　混合效果

混合命令可以对整个图形、路径或者控制点进行混合。混合对象后，中间各级路径上点的数量、位置及点之间线段的性质取决于起始对象和终点对象上点的数目。混合命令通过匹配起始对象和终点对象上的所有点，并在每个相邻的点间画一条线段。若起始对象和终点对象含有不同数目的控制点，则将在中间级中增加或减少控制点。

## 8.2.1　创建混合对象

1. 使用混合工具创建混合对象或混合路径

（1）创建混合对象。

在绘图区绘制两个对象，如图 8.30 所示。利用【选择工具】▶️框选所有对象，绿色圆形为起始对象，蓝色圆形为终点对象，选择【混合工具】，在起始对象上单击后，再单击终点对象。混合后两个对象之间出现中间级对象，让原对象的颜色或形状自然过渡。若两个对象形状相同，颜色不同，则实现颜色过渡效果，如图 8.31 所示。若两个对象形状不同，颜色相同，过渡效果如图 8.32 所示。若两个对象形状和颜色都不同，效果如图 8.33 所示。

图 8.30　绘制两个对象

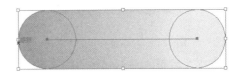

图 8.31　颜色不同混合效果

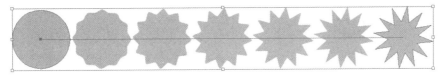

图 8.32　形状不同混合效果

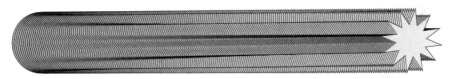

图 8.33　形状和颜色都不同混合效果

（2）创建混合路径。

在绘图页绘制两个路径，如图 8.34 所示。使用【选择工具】框选所有对象，利用【混合工具】单击起始路径的某个锚点，光标如图 8.35 所示，单击终点路径的某个锚点，光标如图 8.36 所示。混合效果如图 8.37 所示。在起始路径和终点路径上单击的锚点不同，所得混合效果也不同，如图 8.38 所示。

图 8.34　绘制两条路径

图 8.35　起始节点

图 8.36　终点节点

图 8.37　路径混合效果

图 8.38　不同路径混合效果

2．使用"混合"命令创建混合对象或混合路径

利用【选择工具】框选对象或路径后，选择【对象】→【混合】→【建立】命令（快捷键 Alt+Ctrl+B），即可绘制混合形状，菜单如图 8.39 所示。

| 混合(B) | ▶ | 建立(M) | Alt+Ctrl+B |
| 封套扭曲(V) | ▶ | 释放(R) | Alt+Shift+Ctrl+B |
| 透视(P) | ▶ | | |
| 实时上色(N) | ▶ | 混合选项(O)... | |
| 图像描草 | ▶ | 扩展(E) | |
| 文本绕排(W) | ▶ | | |
| Line 和 Sketch 图稿 | ▶ | 替换混合轴(S) | |
| | | 反向混合轴(V) | |
| 剪切蒙版(M) | ▶ | 反向堆叠(F) | |

图 8.39　"混合"命令

3．多个混合对象

在绘图页中绘制多个对象，如图 8.40 所示。利用【选择工具】框选所有对象，单击【混合工具】，依次在每个对象上单击，单击第一个对象，作为起始对象，第一次单击效果如图 8.41 所示。第二次单击效果如图 8.42 所示。第三次单击效果如图 8.43 所示。最后再次单击第一个对象，效果如图 8.44 所示。

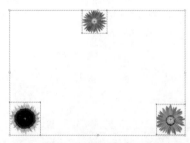

图 8.40　框选所有对象

图 8.41　单击第一个对象

图 8.42　单击第二个对象

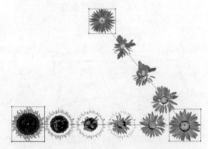

图 8.43　单击第三个对象

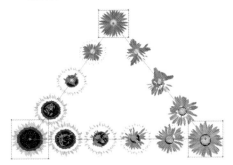

图 8.44    最后效果

## 8.2.2    操作混合对象

### 1.    释放混合对象

使用【选择工具】▶框选所有形状，如图 8.45 所示。选择【对象】→【混合】→【释放】命令（快捷键 Alt+Shift+Ctrl+B），即可释放混合对象，如图 8.46 所示。

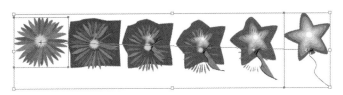

图 8.45    混合对象效果

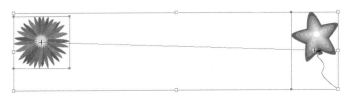

图 8.46    释放混合对象

### 2.    扩展混合对象

释放一个混合对象会删除新对象并恢复原始对象。扩展一个混合对象会将混合分割为一系列不同对象，可以像编辑其他对象一样编辑其中的任意一个对象，效果如图 8.47 所示。

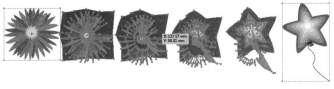

图 8.47    扩展混合对象

### 3.    更改混合对象轴

混合轴是混合对象中各步骤对齐的路径。默认情况下，混合轴会形成一条直线，如图 8.48 所示。通过【钢笔工具】✐可在直线路径上添加锚点，再利用【直接选择工具】▶可改变路径形状，如图 8.49 所示。

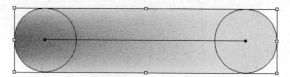

图 8.48　默认混合对象轴效果

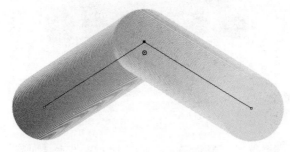

图 8.49　改变混合轴效果

若使用其他路径替换混合轴，需先绘制一个对象以用作新的混合轴，如图 8.50 所示。选择混合轴对象和混合对象，然后执行【对象】→【混合】→【替换混合轴】命令，效果如图 8.51 所示。

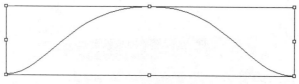

图 8.50　绘制新的混合轴

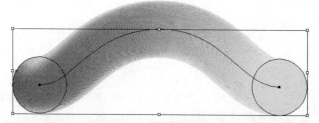

图 8.51　替换混合轴后效果

要颠倒混合轴上的混合顺序，可选择混合对象，然后执行【对象】→【混合】→【反向混合轴】命令，效果如图 8.52 所示。

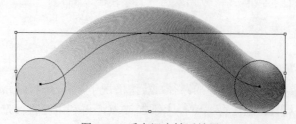

图 8.52　反向混合轴后效果

4. 混合选项

双击【混合工具】或选择【对象】→【混合】→【混合选项】命令来设置混合选项。"混合选项"对话框如图 8.53 所示。

图 8.53　"混合选项"对话框

"混合选项"对话框中参数含义如下：

（1）"间距"：确定要添加到混合的步骤数。

"平滑颜色"：让 Illustrator 自动计算混合的步骤数。如果对象是使用不同的颜色进行的填色或描边，则计算出的步骤数将是为实现平滑颜色过渡而取的最佳步骤数。如果对象包含相同的颜色，或包含渐变或图案，则步骤数将根据两对象定界框边缘之间的最长距离计算得出，如图 8.54 所示。

图 8.54　"平滑颜色"设置效果

"指定的步数"：用来控制在混合开始与混合结束之间的步骤数，效果及对话框如图 8.55 所示。

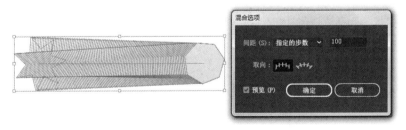

图 8.55　"指定的步数"设置效果

"指定的距离"：用来控制混合步骤之间的距离。指定的距离是指从一个对象边缘起到下一个对象相对应边缘之间的距离，效果及对话框如图 8.56 所示。

（2）"取向"：确定混合对象的方向。

"对齐页面"：使混合垂直于页面的 x 轴。

"对齐路径"：使混合垂直于路径。

"对齐页面"取向方式效果如图 8.57 所示，"对齐路径"取向方式效果如图 8.58 所示。

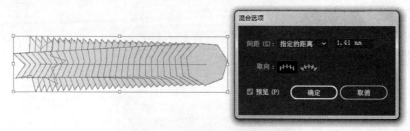

图 8.56 "指定的距离"设置效果

图 8.57 "对齐页面"后效果        图 8.58 "对齐路径"后效果

**5. 更改混合图像的重叠顺序**

选择混合对象，如图 8.59 所示。执行【对象】→【混合】→【反向堆叠】命令，混合图形的重叠顺序被更改，效果如图 8.60 所示。

图 8.59 原混合效果

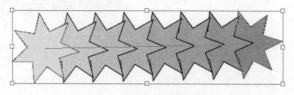

图 8.60 反向堆叠后效果

### 8.2.3 实战案例——立体艺术字

**1. 任务说明**

通过混合选项设置文字立体效果，如图 8.61 所示。

扫码看视频

图 8.61　立体艺术字效果

2．任务分析

本任务中，利用混合选项设置立体效果，达到设置多样艺术字的目的。

3．操作步骤

（1）执行【文件】→【新建】命令新建大小为 850px*500px 的文件，将文件命名为"艺术字"。

（2）单击"图层"面板 ，将此图层命名为"文字 1"，如图 8.62 所示；选中"文字 1"图层，单击【文字工具】 ，输入"Adobe Illustrator CC 2017"字样，字体大小为 60pt，字体填充颜色设置为"无"，执行【对象】→【扩展】命令将文字扩展，将描边颜色改为渐变，单击"渐变面板" ，将第一个滑块的颜色值设为白色"#FFFFFF"，另一个滑块的颜色值设为黑色"#000000"，渐变角度为 90°，"渐变"面板的参数设置如图 8.63 所示，文字效果如图 8.64 所示。

图 8.62　图层设置

图 8.63　设置渐变样式

图 8.64　文字应用渐变效果

（3）选中"文字 1"图层，按住 Alt 键将此图层复制，并命名为"文字 2"；将"文字 2"图层调整透明度为 50%，选中文字，单击鼠标右键，执行【排列】→【置于底层】命令，将图层置于底层，左移 15px，上移 10px，如图 8.65 所示。

图 8.65　复制图层后效果

（4）执行【对象】→【混合】→【混合选项】命令，打开"混合选项"对话框，将"间距"调整为"指定的步数"，并设置步数为 50，单击"确定"按钮，对话框设置参数如图 8.66 所示。

图 8.66 设置"混合选项"参数

（5）选中两个图层"文字 1"和"文字 2"，执行【对象】→【混合】→【建立】命令（快捷键 Alt+Ctrl+B）建立混合效果，最终效果如图 8.67 所示。

图 8.67 立体艺术字效果

### 8.2.4 实战案例——波纹效果

扫码看视频

**1. 任务说明**

通过混合选项和"渐变"面板设置波纹效果，如图 8.68 所示。

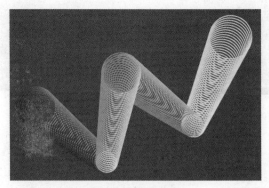

图 8.68 波纹效果

**2. 任务分析**

本任务中，利用混合选项设置立体效果，利用"渐变"面板设置颜色渐变。

**3. 操作步骤**

（1）执行【文件】→【新建】命令新建大小为 850px*500px 的文件，将文件命名为"绘制波纹效果"。

（2）为凸显波纹效果，所以需要将背景改为灰色，因此需要在工具箱中选择【矩形工具】，绘制出大小为 850px*500px 的矩形，填充颜色为灰色"#606060"，将矩形路径与文件面板相重合，按快捷键 Ctrl+2 将其锁定，以方便后面的绘制。

（3）选择【椭圆工具】，按住 Shift 键并按住鼠标左键在绘图区绘制一个正圆，大小为 70px*70px，填充色为"无"，将描边颜色设置为白色"#FFFFFF"，按住 Alt 键将图形用鼠标拖曳至正圆右侧，距离为 110px，将复制出的图形缩小成 35px*35px，如图 8.69 所示。

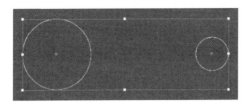

图 8.69　绘制两个正圆

（4）执行【对象】→【混合】→【混合选项】命令，打开"混合选项"对话框，将"间距"调整为"指定的步数"，并设置步数为 50，单击"确定"按钮，对话框参数设置如图 8.70 所示，混合效果如图 8.71 所示。

图 8.70　设置混合选项

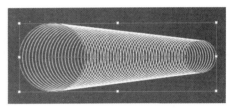

图 8.71　混合选项效果

（5）将描边颜色改为"渐变模式"，单击"渐变面板" ，将第一个滑块的颜色值设为蓝色"#0035FF"，另一个滑块的颜色值设为粉色"#FF7FE3"，渐变角度为 40°，效果如图 8.72 所示。

图 8.72　渐变描边后效果

（6）按住 Alt 键拖动图形，将其复制三次，分别改变每层的渐变颜色（可随意更改，无硬性要求），如图 8.73 所示。调整每层图形的位置与旋转角度（选中所要旋转的图形将鼠标移至图形框的边角处，若光标变成双箭头样式则可进行旋转），如图 8.74 所示，最后将其拼接成完成波纹效果的制作。

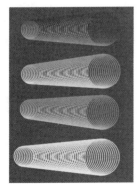

图 8.73　复制并更改渐变颜色

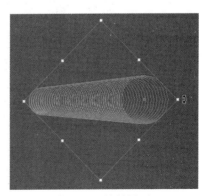

图 8.74　旋转图形

扫码看视频

### 8.2.5 实战案例——绘制吊牌

**1. 任务说明**

综合运用矩形工具、混合选项、钢笔工具、纹理化效果和文字工具等完成吊牌效果图，如图 8.75 所示。

图 8.75 立体艺术字效果

**2. 任务分析**

本任务中，利用矩形工具和纹理化效果完成吊牌设计，再利用混合选项和文字工具添加吊牌内容。

**3. 操作步骤**

（1）执行【文件】→【新建】命令新建大小为 400px*400px 的文件，将文件命名为"绘制吊牌"。

（2）利用【矩形工具】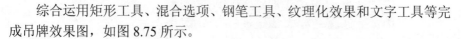绘制出一个大小为 150px*300px 矩形，填充颜色为深棕色"#231815"，效果如图 8.76 所示。

（3）为制作出磨砂的立体效果，使吊牌更具有质感，执行【效果】→【纹理】→【纹理化】命令，在打开的对话框中，设置纹理为"砂岩"，缩放为 100%，凸现为 3，光照为"右上"，单击"确定"按钮，更改参数的对话框如图 8.77 所示，效果如图 8.78 所示。

图 8.76 矩形效果

图 8.77 设置"纹理化"对话框

图 8.78 吊牌背景效果

（4）按快捷键 Ctrl+2 将吊牌形状对象锁定后，选择【直线工具】⚋绘制直线形状，设置描边颜色为黄色"#FFEC00"，描边粗细为 1pt，无填充颜色，选中直线形状并按住 Alt 键后拖曳将直线段复制，更改颜色为粉色"#FF05FA"，如图 8.79 所示。

（5）选中两条直线段，执行【对象】→【混合】→【混合选项】命令，打开"混合选项"对话框，将"间距"调整为"指定的步数"，并设置步数为 50，单击"确定"按钮，再执行【对象】→【混合】→【建立】命令（快捷键 Alt+Ctrl+B）建立混合效果，效果如图 8.80 所示。

图 8.79　绘制直线线段

图 8.80　线段混合效果

（6）在工具箱中选择【钢笔工具】✐绘制出一条曲线，如图 8.81 所示。

（7）使用【宽度工具】🖉单击并拖动节点，加宽曲线，将曲线变成如图 8.82 的效果。

（8）执行【对象】→【扩展外观】命令，将曲线扩展成图形样式，如图 8.83 所示。

图 8.81　绘制曲线

图 8.82　加宽工具

图 8.83　扩展后样式

（9）选中扩展后的曲线及混合效果后的线段，执行【对象】→【封套扭曲】→【用顶层对象建立】命令（快捷键 Alt+Ctrl+C）建立封套扭曲，效果如图 8.84 所示。执行【对象】→【封套扭曲】→【封套选项】命令，打开"封套选项"对话框，在对话框中调整参数，将"保真度"调至 10，如图 8.85 所示，效果如图 8.86 所示。

图 8.84　封套扭曲

图 8.85　调整"封套选项"参数

图 8.86　封套扭曲效果

（10）按住 Alt 键拖动扭曲后的图形将其复制一层，单击鼠标右键，在弹出的菜单中执行【变换】→【对称】命令，在弹出的"镜像"面板中调整参数，如图 8.87 所示，单击"确定"按钮，效果如图 8.88 所示。

图 8.87　调整"镜像"参数　　　　　　　　　　图 8.88　镜像效果

（11）将镜像调整后的图形选中，将鼠标移至选框的边角处，当光标变成双箭头弧线样式时即可旋转图形，向左旋转 20°，透明度设置为 20%，效果如图 8.89 所示。

（12）使用【文字工具】█，输入文字"Adobe Illustrator CC 2017"，字体为 Kunstler Script，大小为 35pt，填充颜色为淡粉色"#FF97E1"，无描边，效果如图 8.90 所示。

图 8.89　调整透明度效果　　　　　　　　　　图 8.90　添加文字

（13）将文字图层复制，单击鼠标右键，在弹出的菜单中选择【排列】→【后移一层】(Ctrl+[)做出阴影的效果，设置字体颜色为白色"#FFFFFF"，透明度为 50%，效果如图 8.91 所示。

（14）选择【椭圆工具】█，按住 Shift 键在绘图区画出一个大小为 16px*16px 的正圆，填充为白色"#FFFFFF"，无描边，放置在吊牌上部中间位置，效果如图 8.92 所示。

图 8.91　文字阴影效果　　　　　　　　　　图 8.92　添加吊牌圆孔

（15）利用【钢笔工具】绘制曲线，设置填充颜色为黑色"#000000"，将其放置在吊牌的白色圆孔处，作为吊牌的挂绳，吊绳效果图如图8.93所示。

图8.93　吊牌

## 本章小结

（1）封套扭曲利用不同的封套类型可以改变选定对象的形状，从而实现不同的形变效果。

（2）通过对形状、路径和颜色进行混合实现渐变式的变化。

## 课后习题

### 一、判断题

1．在Illustrator中，"扭曲效果"共有三种滤镜效果。　　　　　　　　　　　（　　）

2．在Illustrator中，"效果→栅格化"命令用于将矢量对象转换为位图图像。　（　　）

3．在Illustrator中，"风格化"滤镜组中包含发光、直角、投影、涂抹、羽化等外观样式。
　　　　　　　　　　　　　　　　　　　　　　　　　　　　　　　　　（　　）

4．在Illustrator中，"扭曲和变换"效果组中的"扭拧"效果可以随机地向内或向外弯曲和扭曲路径段。　　　　　　　　　　　　　　　　　　　　　　　　　　（　　）

5．"收缩和膨胀"一般用于将适量对象的路径段变形为各种大小的尖峰和凹谷的锯齿效果。　　　　　　　　　　　　　　　　　　　　　　　　　　　　　　（　　）

### 二、选择题

1．在Illustrator中，应用上一个效果的快捷键是（　　　）。

A．Ctrl+F
B．Ctrl+E
C．Ctrl+Shift+E
D．Ctrl+Shift+Alt+E

2．下列选项中，属于"像素化"的滤镜组是（　　）。

　A．铜版雕刻　　　　B．点状化　　　　C．彩色半调　　　　D．晶格化

3．下列选择项中，哪一个不属于"风格化"滤镜组（　　）。

　A．内发光　　　　　B．扭拧　　　　　C．羽化　　　　　　D．圆角

4．要将开放式路径轮廓绘制成酒杯形状，应使用的 3D 效果是（　　）。

　A．突出和斜角　　　B．绕转　　　　　C．旋转　　　　　　D．偏移

5．以下关于涂抹效果的描述正确的是（　　）。

　A．涂抹效果只对闭合路径有效

　B．涂抹效果只对开放路径有效

　C．涂抹效果只对矢量对象有效

　D．涂抹效果只对像素组成的图像有效

# 拓展训练

根据本章所学的内容，任选下列案例进行制作。

案例 1：制作封套扭曲效果文字，如图 8.94 所示。

图 8.94　封套扭曲效果文字

扫码看视频

案例 2：制作混合效果，如图 8.95 所示。

图 8.95　混合效果

扫码看视频

# 第 9 章　效果菜单

 本章导读

　　本章主要讲解的是 Illustrator CC 中的强大的效果菜单，用于制作不同的图像或图形效果。使用效果功能可以快速便捷地处理图形图像，通过图形图像的各种效果变换，使得图像更加美观。那么该如何运用这些效果功能来对图像或者图形进行操作呢？通过本章的学习，既可以掌握效果的使用方法，同时也可以应用到实际的创作中。

 本章要点

- 　了解效果菜单和重复应用效果命令
- 　熟练掌握效果的使用方法
- 　掌握"样式"和"外观"控制面板的使用技巧

## 9.1　3D 效果

　　【效果】→【3D】子菜单中分别包括"3D 凸出和斜角""绕转"和"旋转"效果命令，可以为对象创建三维效果，并且可以通过改变一些属性来控制 3D 对象的外观。

### 9.1.1　3D 凸出和斜角

　　【3D 凸出和斜角】命令可以将二维对象沿 Z 轴拉伸成为三维对象，是通过挤压的方法为路径增加厚度来创建立体对象。选择对象，执行【效果】→【3D】→【凸出和斜角】命令，会弹出"3D 凸出和斜角选项"对话框，如图 9.1 所示。

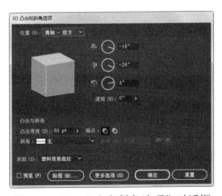

图 9.1　"3D 凸出和斜角选项"对话框

原图与 3D 凸出和斜角效果图如图 9.2 和图 9.3 所示。

图 9.2　原图

图 9.3　3D 凸出和斜角效果图

### 9.1.2　3D 绕转

【3D 绕转】命令围绕全局 Y 轴（绕转轴）绕转一周路径为剖面，使其做圆周运动。由于绕转轴是垂直固定的，因此用于绕转的路径应为所需立体对象面向正前方时垂直剖面的一半。选择对象，执行【效果】→【3D】→【绕转】命令，会弹出"3D 绕转选项"对话框，如图 9.4 所示。

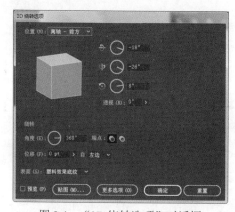

图 9.4　"3D 绕转选项"对话框

"3D 绕转选项"对话框与"3D 凸出和斜角选项"对话框大部分的选项都相同，"3D 绕转选项"对话框中有绕转角度、位移与自左边以及自右边选项。

原图和绕转效果对比图如图 9.5 和图 9.6 所示。

图 9.5　原图

图 9.6　绕转效果图

### 9.1.3　实战案例——制作 3D 文字效果

**1. 任务说明**

利用 Illustrator 软件制作 3D 效果文字"天天开心"，最终效果如图 9.7 所示。

扫码看视频

图 9.7　3D 文字效果图

**2．任务分析**

关于制作"3D 立体文字"，主要通过"凸出和斜角"效果来进行调整。

（1）主体：需要利用文字工具。

（2）效果：借助效果工具。

**3．操作步骤**

（1）在菜单栏中选择【文件】→【新建】命令，新建一个空白文件，大小选择为 A4。

（2）单击左侧工具栏的【文字工具】，在文件空白区域输入文字"天天开心"，填充颜色为"黑色"，字号大小输入 150，字体选择"微软雅黑"，按"回车"键确定。

（3）单击左侧工具栏中的【选择工具】，选中输入的文字后，按组合键 Ctrl+Shift+O 将文字转换为矢量轮廓。如图 9.8 所示。

图 9.8　将文字转换为矢量轮廓

（4）单击菜单【效果】→【3D】→【凸出和斜角】命令，弹出设置对话框。在 X 轴、Y 轴、Z 轴参数值分别设置为"5,1,0"，改变旋转角度；透视参数设置为 70，改变视角；凸出厚度参数设置为 1000，显示三维立体深度，设置完成后，单击"确定"按钮。如图 9.9 所示。

图 9.9　设置后效果图

（5）确定后，文字会看不到效果，这是由于默认的黑色造成的。选中文字效果，单击上方颜色面板，选择其他颜色，这时文字 3D 效果已经显示出来了。如图 9.10 所示。

图 9.10　3D 文字效果图

## 9.2 扭曲和变换效果

"扭曲和变换"效果组可以快速改变矢量对象的形状。执行【效果】→【扭曲和变换】命令，打开"扭曲和变换"效果组，它包含七个效果命令。分别是变换、扭拧、扭转、收缩和膨胀、波纹效果、粗糙化和自由扭曲。

### 9.2.1 变换效果

【变换】命令可以通过重设大小、移动、旋转、镜像和复制等方法改变对象的形状。选择对象，执行【效果】→【扭曲和变换】→【变换】命令，会弹出"变换效果"对话框，如图9.11 和图 9.12 所示。

图 9.11　"变换效果"对话框　　　　图 9.12　原图和变换效果图

### 9.2.2 扭拧效果

【扭拧】命令可以随机向内或向外扭曲图像图像。选择对象，执行【效果】→【扭曲和变换】→【扭拧】命令，会弹出"扭拧"对话框，如图9.13 所示。原图和扭拧的效果图对比，如图9.14 所示。

图 9.13　"扭拧"对话框　　　　　图 9.14　原图和扭拧效果图

### 9.2.3　扭转效果

【扭转】命令可以扭转对象。选择对象，执行【效果】→【扭曲和变换】→【扭转】命令，会弹出"扭转"效果对话框，如图 9.15 所示。原图和扭转效果图的对比图，如图 9.16 所示。

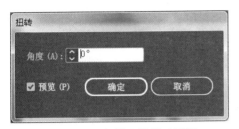

图 9.15　"扭转"效果对话框

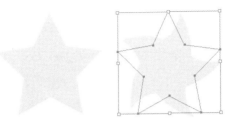

图 9.16　原图和扭转效果图

### 9.2.4　收缩和膨胀效果

【收缩和膨胀】命令可以使选择的对象产生以其锚点为编辑点向内凹陷或者向外膨胀的效果。选择对象，执行【效果】→【扭曲和变换】→【收缩和膨胀】命令，会弹出"收缩和膨胀"的选项对话框，如图 9.17 所示。原图、收缩和膨胀效果的对比图，如图 9.18 所示。

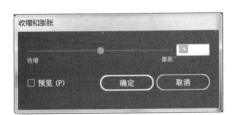

图 9.17　"收缩和膨胀"对话框

图 9.18　原图、收缩效果图、膨胀效果图

### 9.2.5　波纹效果

【波纹效果】命令可以将选择对象的路径变换为同样大小的尖峰和凹谷从而形成带有锯齿和波形的图像效果。选择对象，执行【效果】→【扭曲和变换】→【波纹效果】命令，会弹出"波纹效果"的选项对话框，如图 9.19 所示。原图和带有波纹效果图对比，如图 9.20 所示。

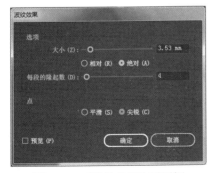

图 9.19　"波纹效果"对话框

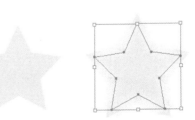

图 9.20　原图和带有波纹效果图

### 9.2.6 粗糙化效果

【粗糙化】命令可以将选择的对象进行不规则的变形处理。选择对象，执行【效果】→【扭曲和变换】→【粗糙化】命令一般用于将适量对象的路径段变形为各种大小的尖峰和凹谷的锯齿效果，选择对象，执行【效果】→【扭曲和变换】命令，会弹出"粗糙化"的选项对话框，如图 9.21 所示。原图和带有粗糙化效果的对比，如图 9.22 所示。

图 9.21 "粗糙化"对话框

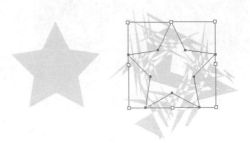

图 9.22 原图和带有粗糙化的效果图

### 9.2.7 自由扭曲效果

【自由扭转】命令是在弹出的对话框中通过拖动四个角的控制点的方式来改变对象形状，选择对象，执行【效果】→【扭曲和变换】→【自由扭曲】命令，会弹出"自由扭曲"选项对话框，如图 9.23 所示。原图和带有自由扭曲效果图的对比，如图 9.24 所示。

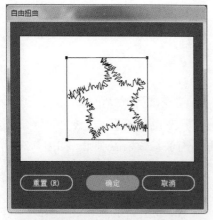

图 9.23 "自由扭曲"对话框

图 9.24 原图和带有自由扭曲效果图

### 9.2.8 实战案例——制作彩点风车 logo 视觉效果图

1. 任务说明

利用 Illustrator 软件中的"扭曲和变换"组制作"彩点风车 logo"视觉效果图，最终效果如图 9.25 所示。

扫码看视频

图 9.25　彩点风车 logo 效果图

2．任务分析

关于制作"彩点风车 logo"，可以从以下几方面着手。

（1）主体：利用圆形工具和复制的方法来制作单排的效果。

（2）效果：借助"扭曲和变换"中的"变换"效果来制作漩涡，主要体现在参数的设置方面。

3．操作步骤

（1）在菜单栏中选择【文件】→【新建】命令，新建一个空白文件，大小设定为 1500px*1500px。

（2）选择【圆角矩形工具】，创建大小为 1024px*1024px，圆角半径为 180px 的圆角矩形，填充颜色为"黑色"，描边为"无"。

（3）选择【椭圆工具】，绘制圆，选中该圆右键【变换】→【分别变换】。数据根据所绘制的圆大小进行调整，可以通过预览来查看位移是否合适，调整水平和垂直参数，调整垂直位移，如图 9.26 和图 9.27 所示。

图 9.26　参数效果图

图 9.27　单一复制效果图

（4）单击"复制"按钮，得到复制出来的圆，选中按快捷键 Ctrl+D 复制六个圆形，然后分别填充不同颜色，如图 9.28 所示。

（5）使用快捷键 Ctrl+A 选中所有圆，按 Ctrl+G 进行编组。如图 9.29 所示。

图 9.28　复制后效果图

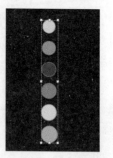

图 9.29　图形编组

（6）选择【效果】→【扭曲和变换】→【变换】命令，按照图中数据设置各项参数。如图 9.30 所示和图 9.31 所示。

图 9.30　参数设置

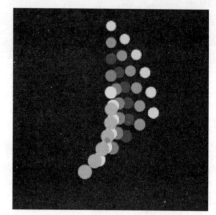

图 9.31　参数设置完成效果图

（7）此时做出来的漩涡图形较大，选中图形，单击右键，在弹出的快捷菜单中选择【变换】→【缩放】命令，如图 9.32 设置的各项参数，单击"确定"按钮后，生成的效果图如图 9.33 所示。

（8）选中缩放的彩点图形，选择【对象】→【扩展外观】对图形进行扩展，选择【旋转工具】，更改旋转中心点，将中心点放在最下面小圆形的中心位置处，按住 Alt 快捷键弹出"旋转"对话框，参数设置如图 9.34 所示。

图 9.32　"比例缩放"对话框

图 9.33　缩放生成效果图

图 9.34　"旋转"对话框参数设置

（9）单击"复制"按钮，按快捷键 Ctrl+D 复制六个图形，分别选中六个图形按住 Ctrl+G 进行编组，如图 9.35 所示。

（10）选中编组的彩点图形和背景图形，选择【选项栏】→【对齐】命令，进行水平和垂直居中对齐，完成彩点风车 logo 效果如图 9.36 所示。

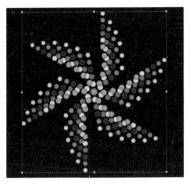
图 9.35　编组效果图

图 9.36　漩涡彩点效果图

# 9.3　风格化效果

【效果】→【风格化】滤镜组包含六种效果，分别是内发光、外发光、圆角、投影、涂抹羽化等外观样式，这组命令也是经常用的特效命令。

## 9.3.1　内发光效果

【内发光】命令可以在对象内部创建发光效果，可以设置涂层的混合模式、不透明度、模糊、中心以及边缘等效果选项。选择对象，执行【效果】→【风格化】→【内发光】命令，会弹出"内发光"对话框，如图 9.37 所示。原图和内发光效果图对比，如图 9.38 和图 9.39 所示。

图 9.37　"内发光"对话框

图 9.38　原图

图 9.39　内发光效果图

## 9.3.2　圆角效果

【圆角】命令可以将矢量对象中的转角控制点转化为平滑控制点，使其产生平滑曲线。选择对象，执行【效果】→【风格化】→【圆角】命令，会弹出"圆角"对话框，如图 9.40 所示。

原图和圆角效果图对比，如图 9.41 和图 9.42 所示。

图 9.40　"圆角"对话框

图 9.41　原图

图 9.42　圆角效果图

### 9.3.3　外发光效果

【外发光】命令可以在对象的边缘产生向外发光的效果。选择对象，执行【效果】→【风格化】→【外发光】命令，会弹出"外发光"对话框，如图 9.43 所示。原图和外发光效果图对比，如图 9.44 和图 9.45 所示。

图 9.43　"外发光"对话框

图 9.44　原图

图 9.45　外发光效果图

### 9.3.4　投影效果

【投影】命令可以为对象添加投影，创建立体效果。选择对象，执行【效果】→【风格化】→【投影】命令，会弹出"投影"对话框，如图 9.46 所示。原图和投影效果图对比，如图 9.47 和图 9.48 所示。

图 9.46　"投影"对话框

图 9.47　原图

图 9.48　投影效果图

### 9.3.5　涂抹效果

【涂抹】命令可以将对象创建类似素描般的手绘效果。选择对象，执行【效果】→【风格化】→【涂抹】命令，会弹出"涂抹选项"对话框，如图 9.49 所示。原图和涂抹效果图对比，如图 9.50 和图 9.51 所示。

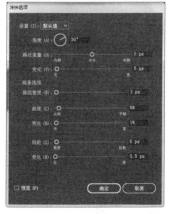

图 9.49　"涂抹选项"对话框　　　图 9.50　原图　　　图 9.51　涂抹效果图

### 9.3.6　羽化效果

【羽化】命令可以创建出边缘柔化的效果。选择对象，执行【效果】→【风格化】→【羽化】命令，会弹出"羽化"对话框，如图 9.52 所示。原图和羽化效果图对比，如图 9.53 和图 9.54 所示。

图 9.52　"羽化"对话框　　　图 9.53　原图　　　图 9.54　羽化效果图

### 9.3.7　实战案例——绘制立体小球

扫码看视频

**1．任务说明**

利用 Illustrator 软件中的【风格化】特效命令制作"立体小球"，最终效果如图 9.55 所示。

**2．任务分析**

关于制作"立体小球"，可以从以下几方面着手。

主体：利用椭圆工具制作小球的主体。

条纹效果：借助矩形工具同时复制多个做出条纹图形，利用符号工具将其成为符号。

立体效果：利用 3D 效果、风格化效果以及渐变工具制作小球。

图 9.55　立体小球效果图

**3．操作步骤**

（1）在菜单栏中选择【文件】→【新建】命令，新建一个大小为 1000px*1000px 的画布。

（2）选择【椭圆工具】，按住 Shift 键绘制一个正圆，填充颜色为"红色"，描边为"无"，选择【直接选择工具】将正圆最右侧锚点删除，如图 9.56 所示。

（3）选择【矩形工具】，绘制长方条形，填充颜色为"青色"，描边为"无"，按住 Alt+Shift 键并使用【选择工具】复制六个长方条形，选中复制的图形进行编组，如图 9.57 所示。

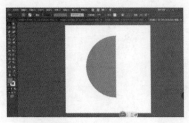

图 9.56　半圆效果图

图 9.57　条纹效果图

（4）选择【窗口】→【符号面板】命令，将条纹效果图拖曳到"符号"面板中，弹出"符号选项"对话框，命名为"条纹效果图"，单击"确定"按钮，如图 9.58 和图 9.59 所示。

图 9.58　"符号"面板

图 9.59　"符号选项"对话框

（5）选择半圆图形，选择【效果】→【3D】→【绕转】命令，设置参数如图 9.60 所示。

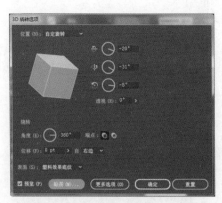

图 9.60　3D 绕转选项参数设置

（6）单击"贴图"选项，弹出"贴图"对话框，符号选择"条纹效果图"，选择"缩放以适合"命令，如图 9.61 和图 9.62 所示。

（7）选择【效果】→【风格化】→【内发光】命令，弹出"内发光"对话框，设置内发光颜色为"#FCE332"，模式为"正片叠底"，不透明度为 40%，模糊为 6px，选择"中心"选项，如图 9.63 和图 9.64 所示。

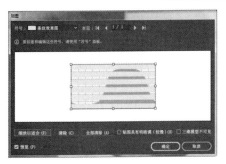

图 9.61　贴图参数设置

图 9.62　3D 绕转贴图效果图

图 9.63　内发光参数设置

图 9.64　内发光效果图

（8）选择【效果】→【风格化】→【投影】命令，弹出"投影"对话框，设置投影颜色为"#686868"，模式为"正片叠底"，不透明度为 23%，X 位移-32，Y 位移 32，模糊为 20px，如图 9.65 和图 9.66 所示。

图 9.65　投影参数设置

图 9.66　投影效果图

（9）选择【效果】→【风格化】→【羽化】命令，弹出"羽化"对话框，设置半径为 30，如图 9.67 和图 9.68 所示。

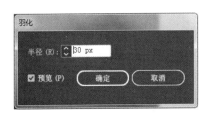

图 9.67　羽化参数设置

图 9.68　羽化效果图

# 9.4 像素化效果

【像素化】效果可以将矢量图表现为位图效果，【像素化】命令主要是通过将颜色值相近的像素集结成块从而清晰地定义一个区域。在该效果中包括彩色半调、晶格化、点状化与铜版雕刻效果。

### 9.4.1 彩色半调效果

【彩色半调】命令是模拟在图形的每个通道上使用放大的半调网格的效果。如图 9.69 和图 9.70 所示。

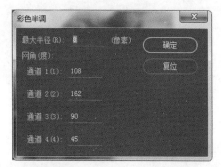

图 9.69　"彩色半调"对话框

图 9.70　原图（左）、彩色半调（右）

### 9.4.2 晶格化效果

【晶格化】命令是将颜色集结成块，形成多边形区域。如图 9.71 和图 9.72 所示。

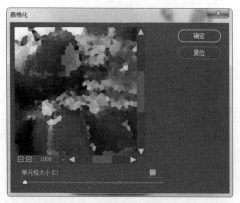

图 9.71　"晶格化"对话框

图 9.72　原图（左）、晶格化（右）

### 9.4.3 点状化效果

【点状化】命令是将图形中的颜色分解为随机分布的网点，如同点状化绘图一样，并使用背景色作为网点之间的画布区域，如图 9.73 和图 9.74 所示。

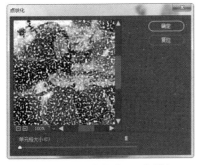

图 9.73　"点状化"对话框　　　　　图 9.74　原图（左）、点状化（右）

### 9.4.4　铜版雕刻效果

【铜版雕刻】命令将图形转变为黑白区域的随机图案或色彩图形中完全饱和颜色的随机图案。如图 9.75 和图 9.76 所示。

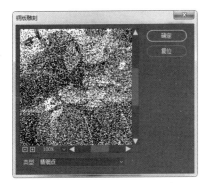

图 9.75　"铜版雕刻"对话框　　　　图 9.76　原图（左）、铜版雕刻（右）

### 9.4.5　实战案例——制作卡通模特衣服

扫码看视频

1．任务说明

利用 Illustrator 软件中像素化的效果制作卡通模特衣服，最终效果如图 9.77 所示。

2．任务分析

关于制作"卡通模特衣服"，可以从以下几方面着手。

（1）主体：利用渐变工具画出衣服颜色。

（2）效果：借助像素化中的彩色半调、晶格化、点状化效果来制作衣服的效果，主要体现在参数的设置方面。

3．操作步骤

（1）执行【文件】→【打开】命令，选择文件"ch09/素材/制作模特衣服"，打开"制作模特衣服.ai"原文件。

（2）使用【选择工具】将卡通人物全部选中，按住 Alt 键并拖曳对卡通人物进行复制，使用【选择工具】选中卡通人物的裙子，执行【窗口】→【外观】命令，弹出"外观"面板，如图 9.78 所示。

图 9.77 卡通模特衣服效果图

图 9.78 复制模特（左）、"外观"面板（右）

（3）在"外观"面板中选择"添加新颜色"，颜色值为"天空"，如图 9.79 所示。

（4）选中裙子，执行【效果】→【彩色半调】命令，弹出"彩色半调"对话框，设置半径为 15，通道 1 为 15，通道 2 为 75，通道 3 为 90，通道 4 为 45，执行【窗口】→【透明度】命令，弹出"透明度"面板，将混合模式设置为"正片叠底"，效果如图 9.79 所示。

（5）重复操作步骤（2），在"外观"面板中选择"添加新颜色"，颜色值为"摇摆"，如图 9.80 所示。

图 9.79 效果图

图 9.80 添加颜色效果图

（6）选中裙子，执行【效果】→【晶格化】命令，弹出"晶格化"对话框，将单元格大小设置为 60，效果如图 9.81 所示。

（7）执行【窗口】→【透明度】命令，弹出"透明度"面板，将混合模式设置为"绿色"，效果如图 9.82 所示。

图 9.81 晶格化参数设置

图 9.82 混合模式效果图

# 9.5　扭曲效果

【扭曲】滤镜是从 Photoshop 的滤镜中借鉴的，可以对矢量图和位图进行处理。选择【效果】→【扭曲】命令，【扭曲】命令中包含了扩散亮光、海洋波纹以及玻璃三种滤镜。

## 9.5.1　扩散亮光效果

【扩散亮光】滤镜效果是将透明的白色颗粒添加到对象上，并从选区的中心向外渐隐亮光。选择对象，执行【效果】→【扭曲】→【扩散亮光】命令，会弹出"扩散亮光"对话框，如图 9.83 和图 9.84 所示。

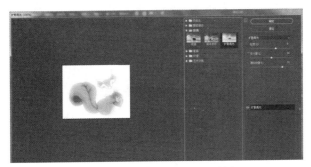

图 9.83　"扩散亮光"对话框

图 9.84　原图（左）、扩散亮光（右）

## 9.5.2　海洋波纹效果

【海洋波纹】滤镜效果是将随机分隔的波纹添加到图形上，使图形看上去像在水中一样。选择对象，执行【效果】→【扭曲】→【海洋波纹】命令，会弹出"海洋波纹"对话框，如图 9.85 和图 9.86 所示。

图 9.85　"海洋波纹"对话框

图 9.86 原图（左）、海洋波纹（右）

### 9.5.3 玻璃效果

【玻璃】滤镜效果产生通过不同类型的玻璃观看图形的效果。选择对象，执行【效果】→【扭曲】→【玻璃】命令，会弹出"玻璃"对话框，如图 9.87 和图 9.88 所示。

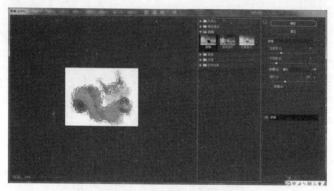

图 9.87 "玻璃"对话框

图 9.88 原图（左）、玻璃效果（右）

### 9.5.4 实战案例——绘制油画效果

扫码看视频

**1. 任务说明**

利用 Illustrator 软件中的滤镜特效制作风景油画效果，最终效果如图 9.89 所示。

图 9.89 风景油画效果图

**2. 任务分析**

关于制作风景油画效果，可以从以下几方面着手。

（1）主体：选择一幅风景画图片。

（2）油画效果：主要通过"扭曲"滤镜效果进行制作。

3．操作步骤

（1）在菜单栏中选择【文件】→【新建】命令，新建一个大小选择为 700px*467px，选择"横向"画布。

（2）执行【文件】→【打开】命令，选择文件"ch09/素材/油画"，选择油画图片，将油画图片置入到画布中，如图 9.90 所示。

图 9.90　置入油画图片

（3）执行菜单【效果】→【扭曲】→【玻璃】命令，弹出"玻璃"对话框，扭曲度为 1，平滑度为 3，其他默认，如图 9.91 和图 9.92 所示。

图 9.91　玻璃效果图

图 9.92　玻璃参数设置

（4）执行菜单【效果】→【艺术效果】→【绘画涂抹】命令，弹出"绘画涂抹"对话框，将画笔大小设为 6，锐化程度设为 1，画笔类型为"简单"，如图 9.93 和图 9.94 所示。

图 9.93　绘画涂抹参数设置

图 9.94　绘画涂抹效果

（5）执行菜单【效果】→【画笔描边】→【成角的线条】命令，弹出"成角的线条"对话框，将方向平衡设置为 45，描边长度设置为 5。锐化程度设置为 1，如图 9.95 和图 9.96 所示。

图 9.95　成角的线条参数设置

图 9.96　成角的线条效果

（6）执行菜单【效果】→【纹理】→【纹理化】命令，弹出"纹理化"对话框，将纹理设置为"画布"，缩放程度设置为 60%，凸显设置为 3，如图 9.97 和图 9.98 所示。

图 9.97　纹理化参数设置

图 9.98　纹理化效果

（7）在"图层"面板中新建一个空白图层，绘制一个与图像大小相同的矩形，填充色为"无"，在"画笔"面板的画笔库菜单中执行【边框】→【边框-装饰】→【斜纹】命令，如图 9.99 所示。

（8）所有步骤完成后，得到最终的油画效果，如图 9.100 所示。

图 9.99　命令操作图

图 9.100　完成效果图

# 本章小结

（1）3D 效果共分为 3 种："凸出和斜角"命令、"绕转"命令、"旋转"命令。

（2）【像素化】→【彩色半调】中的各参数的设置：

- 最大半径输入一个以像素为单位的值，范围为 4 到 127。
- 为一个或多个通道输入网角值（网点与实际水平线的夹角）。
- 对于灰度图像，只使用通道 1。
- 对于 RGB 图像，使用通道 1、通道 2 和通道 3，分别对应于红色、绿色和蓝色通道。
- 对于 CMYK 图像，使用所有四个通道，对应于青色、洋红、黄色和黑色通道。

# 课后习题

## 一、判断题

1．在 Illustrator 中，"扭曲效果"共有三种滤镜效果。　　　　　　　　　（　　）

2．在 Illustrator 中，"效果→栅格化"命令用于将矢量对象转换为位图图像。　（　　）

3．在 Illustrator 中，"风格化"滤镜组中包含发光、直角、投影、涂抹、羽化等外观样式。

（　　）

4．在 Illustrator 中，"扭曲和变换"效果组中的"扭拧"效果可以随机地向内或向外弯曲和扭曲路径段。　　　　　　　　　　　　　　　　　　　　　　（　　）

5．"收缩和膨胀"一般用于将适量对象的路径段变形为各种大小的尖峰和凹谷的锯齿效果。　　　　　　　　　　　　　　　　　　　　　　　　　　　　　（　　）

## 二、选择题

1．在 Illustrator 中，应用上一个效果的快捷键是（　　　）。

　　A．Ctrl+F　　　　　　　　　　B．Ctrl+E

　　C．Ctrl+Shift+E　　　　　　　 D．Ctrl+Shift+Alt+E

2．下列选项中，属于"像素化"的滤镜组是（　　　）。

　　A．铜版雕刻　　　B．点状化　　　C．彩色半调　　　D．晶格化

3．下列选择项中，哪一个不属于"风格化"滤镜组（　　　）。

　　A．内发光　　　　B．扭拧　　　　C．羽化　　　　　D．圆角

4．要将开放式路径轮廓绘制成酒杯形状，应使用的 3D 效果是（　　　）。

　　A．突出和斜角　　B．绕转　　　　C．旋转　　　　　D．偏移

5．以下关于涂抹效果的描述正确的是（　　　）。

　　A．涂抹效果只对闭合路径有效

　　B．涂抹效果只对开放路径有效

　　C．涂抹效果只对矢量对象有效

　　D．涂抹效果只对像素组成的图像有效

# 拓展训练

根据本章所学的内容，任选下列案例进行制作。

案例 1：制作渐变立体图标，如图 9.101 所示。

扫码看视频

图 9.101　渐变立体图标效果图

案例 2：制作色彩泼墨文字，如图 9.102 所示。

扫码看视频

图 9.102　彩色泼墨文字

# 第 10 章　商业综合案例

**本章导读**

　　本章主要讲解平面设计的基础理论、平面设计中常用的版式设计的形式等知识，并且针对平面设计领域中的多种商业综合案例进行详细的讲解。在每一个具体的商业案例中都包含了案例的分析、案例的设计以及案例的制作过程。

　　读者在学习本章商业综合案例设计实训后，可以更深入地了解并掌握商业案例设计的理念与熟练使用 Adobe Illustrator CC 软件的强大应用功能和操作方法。从而设计并制作出更加专业的案例。

**本章要点**

- 了解平面设计中的构成要素
- 熟练应用软件的常用操作方法
- 掌握商业案例设计的制作理念和方法

# 10.1　平面设计

## 10.1.1　平面设计基本概念

　　平面设计这个术语源自英文单词 graphic，在现代平面设计形成前，这个术语泛指各种通过印刷方式形成的平面艺术形式。平面设计除了在视觉上给人一种美的享受，更重要的是向广大消费者转达一种信息和一种理念，因此在平面设计中，不单单注重表面视觉上的美观，而应该考虑信息的传达，平面设计主要是由以下几个基本要素构成。

　　1. 创意

　　创意是平面设计的第一要素，没有好的创意，就没有好的作品，创意中要考虑观众、传播媒体、文化背景三个条件。创意一直是时代的主题元素，尤其在平面设计中，它更加是时代的元素，我们要做好设计，就一定要懂得构思自己的创意思维，只有不断地设计创意思维，我们的技术、水平才会不断提高，如图 10.1 所示。

　　2. 构图

　　构图就是要解决图形、色彩和文字三者之间的空间关系，做到新颖、合理和统一。例如在文字搭配中，我们要对最新的一些时尚字体十分的熟悉，对一张海报的设置也要掌握好字体的基本搭配技巧，如图 10.2 所示。

图 10.1　平面设计中的创意

图 10.2　平面设计中的构图

### 3. 色彩

好的平面设计作品在画面色彩的运用上注意调和、对比、平衡、节奏与韵律。不管是报刊广告还是广告招贴，都是由这些要素通过巧妙的组合而成的。平面设计涉及海报、详情页等，我们对一些基本的颜色要详细搭配，只有搭配好画面的颜色，制作出的海报等才会好看，如图10.3 所示。

图 10.3　平面设计中的色彩

### 10.1.2　平面设计的分类

平面设计在分类方面，主要包括形象系统设计、字体设计、书籍装帧设计、POP 广告设计、包装设计、海报/招贴设计等，覆盖到生活中的多种方面，常见用途包括标识（商标和品牌）、出版物（杂志，报纸和书籍）、平面广告、海报、广告牌、网站图形元素、标志和产品包装等。

## 10.2　版式设计

版式设计是指设计人员根据设计主题和视觉需求，在预先设定的有限版面内，运用造型要素和形式原则，根据特定主题与内容的需要，将文字、图片（图形）及色彩等视觉传达信息要素，进行有组织、有目的的组合排列的设计行为与过程。版式设计是平面设计作品的躯干，良好的版式布局更容易让人加深记忆，从而强化宣传推广的目的。

### 10.2.1　版式设计的技巧

版式设计的主要技巧如下：

（1）会整理信息、建立条理。

（2）运用排列、对齐方式。

（3）字体字号、段落、分栏设置的可读性（符合大众的阅读习惯）。

（4）利用对称、平衡等手法增强稳定感。

（5）注意边界，给内容一个无形的约束。

### 10.2.2　版式设计的常用形式

**1．中心型排版**

利用视觉中心，突出想要表达的实物，当制作的图片没有太多文字，并且展示主体很明确，中心型排版具有突出主体、聚焦视线等作用，体现大气背景可用纯色，体现高端背景可用渐变色。中心型排版如图 10.4 所示。

**2．中轴型排版**

利用轴心对称，使画面展示规整稳定、醒目大方，在突出主体的同时又能给予画面稳定感，并能使整体画面具有一定的冲击力。半轴型排版如图 10.5 所示。

图 10.4　中心型排版　　　　　　　　　　　图 10.5　中轴型排版

**3．分割型排版**

利用分割线可以使画面有明确的独立性和引导性，分割型排版能使画面中每个部分都是极为明确和独立的，在观看时能有较好的视觉引导和方向；通过分割出来的体积大小也可以明确当前图片中各部分的主次关系，有较好的对比性，并使整体画面不单调和拥挤。分割型排版如图 10.6 所示。

**4．倾斜型排版**

通过主体或整体画面的倾斜编排，使画面拥有极强的律动感，刺激视觉。倾斜型排版可以让呆板的画面爆发活力和生机。倾斜型排版如图 10.7 所示。

5. 满版型排版

通过大面积的元素来传达最为直观和强烈的视觉刺激，使画面丰富且具有极强的带入性——当制作的图片中有极为明确的主体，且文案较少时可以采用满版型排版。满版型排版如图 10.8 所示。

图 10.6　分割型排版　　　　　图 10.7　倾斜型排版　　　　　图 10.8　满版型排版

# 10.3　招贴设计——家居商业招贴设计

扫码看视频

招贴是一种张贴在公共场合，目的能够引起大众的注意力以达到为某种活动或者商品宣传的目的的印刷广告形式。通常招贴也称为海报或宣传画。招贴是现代传媒中使用的最频繁同时也是使用的最为广泛的宣传手段之一。

目前，常用的基本尺寸为 762mm*508mm，随着不同的宣传目的，招贴设计的尺寸也有不同的尺寸要求。随着大众的审美能力的提高以及企业对宣传的重视，招贴设计不仅具有广泛的实用价值，同时还具有较高的艺术性和收藏性。

## 10.3.1　案例描述

通常，根据招贴的功能和企业的不同需求，将招贴主要分为两种类型，分别是公益型招贴和商业招贴。公益型招贴一般指的是以社会公益为主题的形式。例如，戒烟、献血、爱护和平、保护生态环境、保护濒危动物、热爱运动以及关爱弱势群体等这些都属于公益型招贴。商业型招贴一般指的是为了宣传企业商品的促销活动以及商业服务，为了能够满足广大消费群体的需求等内容形式。例如，企业形象的宣传、新商品的促销活动、品牌的创建宣传以及金融信贷服务等为题材的都属于商业型招贴。

本项目主要是制作关于家居企业的商业型招贴设计。通过本项目的学习，读者可以更加熟练地掌握该软件的操作，最终效果如图 10.9 所示。

图 10.9　最终效果图

### 10.3.2　案例分析

招贴设计的技巧，通常招贴的主题、表现的形式和内容是多种多样，但是招贴的要素是不变的，主要由文字要素的设计、色彩要素的设计、图形要素的设计以及版式设计要素的设计四种组成。本项目也是从这四方面进行设计。

1. 文字要素的设计

招贴设计的重要部分就是文字的设计，文字不仅可以展示招贴设计的风格，同时还可以增强大众的视觉效果，是招贴设计的重要表现手段。本案例中采用了比较粗的字体进行展示，力求通过广告的内容和信息比较简单、清晰明了的同时又具有冲击力的表现手法。

2. 色彩要素的设计

色彩是招贴设计中重要的要素并且最具有视觉的冲击力。通常色彩搭配是否适合很大程度上决定了招贴设计的好坏。本项目中主设计体采用了红色，强烈地表现喜庆、热烈的主题。

3. 图形要素的设计

招贴设计中的图形设计主要分为抽象图形和具象图形两类。抽象图形通常是指以点线面以及效果等绘制而成的图形，这种图形主要以抽象的表现美感。具象图形通常指采用具体形象的图案，是对事物具体客观的现实反应（如摄影摄像），也叫形象的表现手法。本项目中主要采用抽象的图形设计方法。

4. 版式设计要素的设计

在招贴设计中一般是通过对文字、图形、色彩等要素进行相应的整体的统筹和排版，从而达到图文在内容和形式上能够相互联系和相互统一同时突出重点的视觉效果。

### 10.3.3　案例实现

1. 制作背景

（1）执行【文件】→【新建】命令，新建大小为 A4 的画板，具体参数设置如图 10.10 所示。

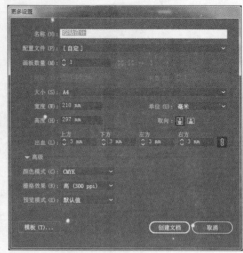

图 10.10　新建文件

（2）选择【矩形工具】，填充为"无"，描边为"黑色"，创建大小为 210mm*297mm 的"矩形 1"。

（3）选择【对象】→【路径】→【偏移路径】命令，设置偏移量为-15mm，在偏移的路径上单击右键选择"建立参考线"，目的是创建版心，同时删除"矩形 1"，如图 10.11 所示。

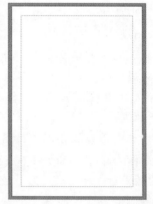

图 10.11　创建版心

（4）选择【矩形工具】，创建大小为 216mm*303mm 的"矩形 2"，填充颜色为"红色"，描边设置为"无"，并调整"矩形 2"与画板对齐。

（5）选择【文字工具】，输入"盛大起航·慧聚全城"，字体为"长城特粗黑体"，字号为 50pt，填充颜色为"白色"。

（6）选择【文字工具】，输入"红港·家居设计体验中心"，字体为"微软雅黑加粗"，字号为 30pt，填充颜色为"白色"，选择以上文字进行水平居中对齐，并且调整文字位置，如图 10.12 所示。

（7）选择文件"ch10/招贴设计/素材/文字.txt"，将"文字.txt"中的文字分别复制到画板中，适当地调整文字大小，文字的颜色均设置为"白色"，字体为"微软雅黑"，适当调整文字位置，如图 10.13 所示。

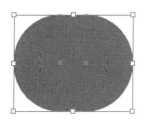

图 10.12　设置文字　　　　　　　　　　　　图 10.13　字体设置

（8）选择【画板工具】创建一个新的画板，选择【椭圆工具】，按住 Shift 键绘制大小为 60mm*60mm 的"椭圆 1"，按住 Alt 键对"椭圆 1"进行拖曳得到"椭圆 2"，调整位置，按 Ctrl+Shift+F9 组合键调出路径查找器减去顶层得到"复合图形 1"，如图 10.14 所示。

（9）选择【矩形工具】绘制"矩形 2"，调整"复合图形 1"和"矩形 1"的位置，按 Ctrl+Shift+F9 组合键调出路径查找器减去顶层得到"复合图形 2"，如图 10.14 所示。

图 10.14　绘制图形

（10）选择"复合图形 2"，按 Alt 键进行拖曳复制得到"复合图形 3"，单击右键【变换】→【对称】对"复合图形 3"进行调整，将"复合图形 2"和"复合图形 3"进行编组得到"复合图形 4"，如图 10.15 所示。

（11）将"复合图形 4"按 Alt 键进行拖曳复制得到"复合图形 5"，并调整大小和位置，如图 10.15 所示。

（12）将"复合图形 4"填充 CMYK 的值为"85，10，100，10"，"复合图形 5"填充"75，0，100，0"，如图 10.15 所示。

图 10.15　复合图形填色

（13）选择【文字工具】，输入文字 hotwat，字体设置为"苏新诗卵石体"，字号设置为60pt，字体间距设置为-80，CMYK 颜色填充为"85，10，100，10"，调整文字和图形的位置和大小，得到 logo 最终效果图，如图 10.16 所示。

（14）选择【钢笔工具】，绘制如图 10.17 所示的三角形，并填充白色，调整 logo 的大小和位置。

图 10.16　logo 效果图

图 10.17　绘制三角形

（15）打开"ch10/招贴设计/素材/家具图 1.png"，将素材拖曳到文件中并调整大小，选择【矩形工具】创建"矩形 3"，大小为 216mm*70mm 的矩形，颜色填充为"绿色"，调整"矩形 3"和"家具图.png"的位置，按 Ctrl+7 组合键剪切蒙版，如图 10.18 所示。

图 10.18　剪切蒙版与涂抹效果

（16）执行【效果】→【风格化】→【涂抹】命令，调整各参数如图 10.19 所示。

（17）打开"ch10/招贴设计/素材/家具图.png"，将素材拖曳到文件中并调整大小，执行【效果】→【风格化】→【投影】命令，如图 10.19 所示。

（18）执行【效果】→【风格化】→【内发光】命令，最终效果图如图 10.20 所示。

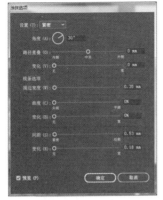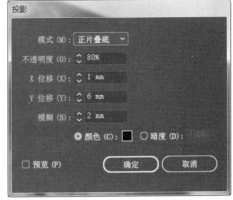

图 10.19 风格化效果

图 10.20 最终效果图

扫码看视频

# 10.4 书籍装帧设计——制作书籍封面

书籍装帧是书籍生产过程中的装潢设计工作，又称书籍艺术。书籍装帧是在书籍生产过程中将材料和工艺、思想和艺术、外观和内容、局部和整体等组成和谐、美观的整体艺术。

书籍装帧设计是书籍造型设计的总称。一般包括选择纸张、封面材料、确定开本、字体、字号、设计版式、装订方法以及印刷和制作方法等。

书籍装帧设计的原则是应该能够反映书的内容、著译者的意图和书的特色。不仅要考虑大众的审美习惯，而且还需要满足不同年龄阶段、不同职业和不同性别的需求等，同时还得符合时代的特征和风格等因素。

## 10.4.1 案例描述

现如今在琳琅满目的书海中，封面设计是书籍装帧设计艺术的门面，书籍封面的作用主要有保护书籍，宣传介绍书籍的内容以及美化书籍等。优秀的封面设计可以唤起读者读书的兴趣。同时，书籍的封面也好比一个无声的推销员，它的好坏在一定程度上将会直接影响人们的购买欲。同商品离不开包装，书籍也离不开封面是一样的作用。本项目是书籍封面的设计，最终效果图如图 10.21 所示。

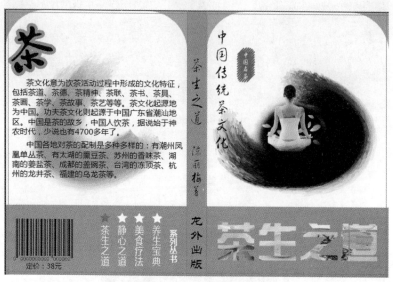

图 10.21    最终效果图

### 10.4.2    案例分析

封面设计的三要素包括图形、色彩和文字。设计者需要根据书的不同性质、不同用途和不同读者，把图形、色彩和文字有机地结合起来，从而表现出书籍的丰富内涵，并以一种传递信息为目的和一种美感的形式呈现给读者。

由于本项目设计的是一款茶类养生型的图书，所以主要的图形采用人物静心养生的图形，同时配以水墨画作为背景的古典风格，体现了我国源远流长的茶文化历史的信息。颜色主要以绿色来衬托追求健康、生命的涵义，非常切合书籍的内容。文字使用了毛笔字更加突出了书的主旨。

### 10.4.3    案例实现

1. 背景制作

（1）在菜单栏中选择【文件】→【新建】命令，新建一个空白文件，大小设定为 396mm*266mm，其他设置如图 10.22 所示。

（2）按 Ctrl+R 组合键调出标尺，双击上方标尺 3mm 处创建垂直标尺，同时在 188mm、208mm 以及 393mm 处分别创建垂直参考线；双击在右侧标尺 3mm 和 263mm 处创建水平参考线，如图 10.23 所示，创建参考线的目的是划分封面、封底和书籍的布局。

（3）选择【矩形工具】，创建大小为 396mm*266mm 的"矩形 1"，使用【渐变工具】填充颜色为"白色"，描边为"无"，利用【选择工具】调整到画板位置。

 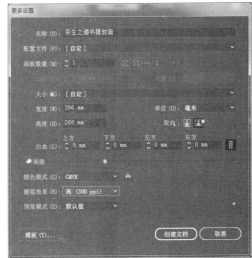

图 10.22　新建面板图

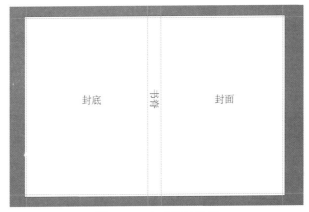

图 10.23　参考线的设置

2．封面的制作

（1）选择【矩形工具】创建大小为 396mm*70mm 的"矩形 2"，填充颜色为绿色，利用【选择工具】进行调整"矩形 2"的位置，详细的参数设置如图 10.24 所示。

图 10.24　参数设置

（2）选择【矩形工具】创建大小为 188mm*70mm 的"矩形 3"，选择【文字工具】，输入"茶生之道"，字体大小为 120pt，选择的字体为"百度综艺简体"，字体颜色为"黑色"，按 Ctrl+Shift+O 组合键创建文字轮廓，如图 10.25 所示。

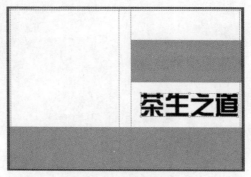

图 10.25　创建文字轮廓

（3）选择"矩形 3"和文字，在选项栏中选择"对齐"面板，进行水平居中对齐和垂直居中对齐，按 Ctrl+Shift+F9 组合键调出路径查找器，选择"减去顶层"命令，如图 10.26 所示。

图 10.26　路径查找器操作

（4）执行【文件】→【打开】命令，选择文件"ch10/素材/画笔.ai"，将素材置入到文件中，打开"画笔"面板，将置入的"画笔.ai"素材拖曳到"画笔"面板中，选择"艺术画笔"选项，如图 10.27 所示。

图 10.27　新建画笔

（5）选择【画笔工具】并选择新建的艺术画笔，在封面上绘制出半圆形，如图 10.28 所示。

（6）执行【文件】→【置入】命令，选择"ch10/素材/人物.jpg"将素材置入到文件中，调整"人物.jpg"和画笔对象的大小和顺序，如图 10.29 所示。

图 10.28　调整对象　　　　　　　　　　　图 10.29　艺术画笔绘图

（7）执行【文件】→【置入】命令，选择 "ch10/素材/茶.jpg" 将素材置入到文件中，调整 "茶生之道" 文字对象和 "茶.jpg" 的大小，将 "茶.jpg" 放置在文字对象的下面，按 Ctrl+G 组合键进行编组并进行调整位置，如图 10.30 所示。

图 10.30　调整位置

（8）选择【矩形工具】绘制大小为 40mm*40mm 的 "矩形 4" 填充颜色为 "绿色"，选择【椭圆工具】绘制大小为 80mm*80mm 的 "椭圆 1"，选择 "矩形 4" 和 "椭圆 1" 调整位置，按 Ctrl+Shift+F9 组合键调出路径查找器，选择 "减去顶层" 命令得到 "复合图形 1"，如图 10.31 所示。

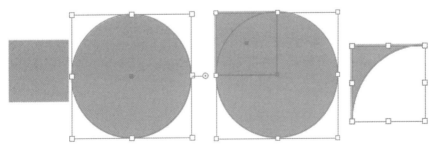

图 10.31　路径查找器操作

（9）选择"复合图形 1"按 Alt 键拖曳复制得到"复合图形 2"，选择"复合图形 1"和"复合图形 2"，单击右键选择【变换】→【对称】命令进行复制，得到"复合图形 3"和"复合图形 4"，利用【选择工具】调整到相应的位置，如图 10.32 所示。

图 10.32　调整对象位置

（10）选中四个复合图形进行编组，选择"透明度"面板，将透明度设置为 80%。

（11）选择【文字工具】中的直排文字，输入"中国传统茶文化"，字体设置为"方正黄草简体"，大小设置为 50pt，颜色为黑色，如图 10.33 所示。

图 10.33　输入文字

（12）选择【圆角矩形工具】，绘制大小为 14mm*30mm，圆角半径为 5mm 的"圆角矩形 1"，颜色填充为"黑色"。

（13）选择"圆角矩形 1"，执行【效果】→【风格化】→【涂抹】命令，具体参数如图 10.34 所示。

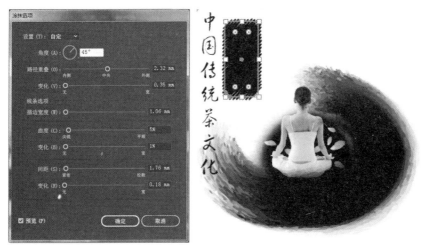

图 10.34　效果的设置

（14）选择"圆角矩形 1"，填充"红色"，选择【文字工具】中的直排文字，输入"中国名茶"，字体选择"方正黄草简体"，大小为 20pt，颜色为"白色"，调整文字和"圆角矩形 1"的位置，如图 10.35 所示。

图 10.35　文字的设置

**3．封底的制作**

（1）选择【文字工具】，输入"茶"，字体选择"方正字体-邢体草书简体"，字体大小为 150pt，按 Ctrl+Shift+O 组合键对文字进行创建轮廓，执行【对象】→【路径】→【偏移路径】命令，具体参数设置如图 10.36 所示。

（2）将偏移路径的"茶"字按 Ctrl+Shift+G 组合键进行解组，同时选择下层的为其填充"绿色"，如图 10.36 所示。

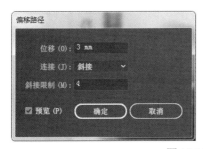

图 10.36　设置偏移路径

（3）选择封面上用画笔绘出的效果图单击右键选择【变换】→【对称】命令进行水平翻转和复制，选择"透明度"面板设置不透明度为 30%，并调整位置，如图 10.37 所示。

图 10.37　调整位置

（4）选择【文字工具】，选择"ch10/素材/茶文化.txt"文件中的文字复制到文件中，设置字体为"微软雅黑"，字体大小为 20pt，打开"段落"面板，具体参数如图 10.38 所示，调整文字的位置。

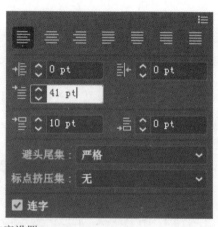

图 10.38　文字设置

（5）选择【文字工具】中的直排文字，分别输入"系列丛书"等文字，"系列丛书"字体设置为"微软雅黑"加粗、大小为 24pt，其他字体为"微软雅黑"正常，大小为 26pt，同时选中所有字体，颜色均为"白色"，选择"对齐"面板进行垂直居中对齐和水平居中分布，并调整相应的位置，如图 10.39 所示。

图 10.39　文字设置

（6）选择"ch10/素材/二维码.eps"，将素材拖曳到文件中，并调整相应的位置。

（7）选择【文字工具】，输入"定价：38 元"设置字体大小为 20pt，字体为"微软雅黑"，颜色为"黑色"，调整相应的位置，如图 10.40 所示。

图 10.40　设置二维码

（8）选择【星形工具】，按 Shift 键创建得到"星形 1"，颜色设置为"红色"，按住 Alt 键进行拖曳分别复制三个，将复制得到的星形设置颜色为"白色"，调整相应的位置，如图 10.40 所示。

3．书籍的制作

（1）选择【矩形工具】，绘制和书籍大小的"矩形 5"，颜色填充为"绿色"。

（2）选择【文字工具】，输入书名和作者名称，设置书名字号 50pt，字体为"方正黄草简体"，设置作者字体为"方正黄草简体"，大小为 38pt，输入出版社名称字号为 38pt，字体为"华文隶书"。

（3）调整各元素之间的位置，最终效果如图 10.41 所示。

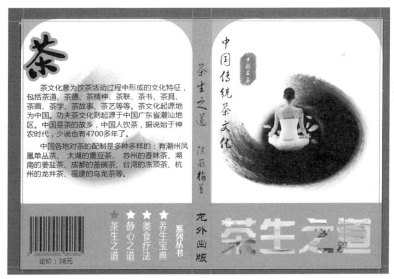

图 10.41　最终效果图

## 10.5　DM 设计——制作美食宣传单

扫码看视频

DM 是 Direct Mail Advertising 的缩写，直译为"直接邮寄广告"，即通过邮寄、赠送等形式，将宣传品送到消费者手中、家里或公司所在地。DM 除了采用邮寄投递，还可以利用其他形式的媒介，常采用的方式主要有杂志、电话、电视、电子邮件、网络、商场散发、专人派送、附随商品派发到消费者等。DM 通常是超市、卖场、厂家、地产商等最常采用的促销形式之一。

DM 的优势：

（1）DM 的消费目标对象具体、清晰，能够做到有的放矢，减少浪费。

（2）点对点的直接发送，可以提高信息传递，使广告效果达到最大化。

（3）投放的时间、地点以及投放的对象比较灵活。

（4）DM 的内容具体，设计的形式灵活，有利于消费者了解相关产品信息以及得到更好的关注。

（5）DM 广告效果直观，可以根据市场的变化和消费者的反馈，对活动随时进行调整。

### 10.5.1　案例描述

DM 设计的技巧以及注意事项主要包括以下几项内容：

（1）设计者要熟悉商品的特性以及受众的消费群体的特征。

（2）设计新颖能够吸引消费者的眼球和关注。

（3）设计的形式能够多样化，拒绝呆板和单一。

（4）灵活运用色彩。

（5）素材的选择能够直观地传递商品的信息，增强视觉冲击力。

（6）要考虑到设计的尺寸、设计的形式等因素。

本项目是制作一款美食类的宣传单，制作的最终效果图如图 10.42 所示。

图 10.42　最终效果图

### 10.5.2　案例分析

本任务是制作关于美食的宣传单，根据客户的需求和提供的促销美食的图片等信息，主要在宣传单上要有促销的时间、促销的产品的信息、优惠的力度以及店内其他商品的信息等。同时对于辅助图形的选用、颜色的搭配以及排版等要符合宣传的特性。

### 10.5.3　案例实现

1. 背景的制作

（1）执行【文件】→【新建】命令，新建一个大小设定为 149mm*221mm 的空白文件。

（2）选择【矩形工具】，创建大小为 149mm*221mm 的"矩形 1"，选择【渐变工具】为"矩形 1"添加渐变色，渐变类型为"径向渐变"，描边为"无"，具体的参数如图 10.43 所示，利用【渐变批注者】进行调整渐变的中心点位置。

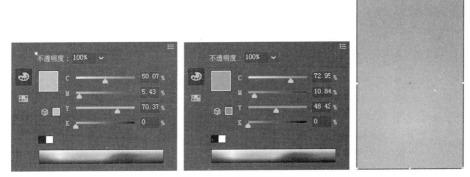

图 10.43　创建底板颜色

（3）选中"矩形 1"，按快捷键 Ctrl+C 和 Ctrl+B 在原图上方复制得到相同大小的"矩形 2"，并填充为"白色"，描边为"无"，不透明度设为 60%。

（4）再次重复步骤（3），得到"矩形 3"，打开"色板"面板，并将"矩形 3"填充为【色板】→【图案】→【基本图形】→【基本图形_纹理】→【密集影线】，如图 10.44 所示。

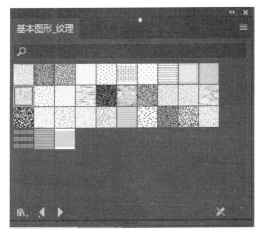

图 10.44　密集影线效果

（5）选择"矩形 1"按 Ctrl+2 组合键锁定图形，选择"矩形 2"和"矩形 3"进行制作蒙版效果，打开"透明度"面板，勾选"反相蒙版"，如图 10.45 所示。

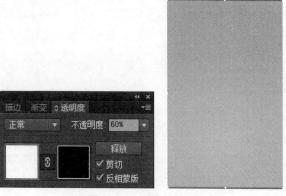

图 10.45　参数效果图

（6）执行【文件】→【置入】命令，选择文件"ch10/美食宣传单/素材/边框素材 1.jpg"，导入"边框素材 1.jpg"，将其嵌入到文件中。单击【图像描摹】并进行【扩展】，得到矢量图。按 Ctrl+Shift+G 组合键进行解组，利用【直接选择工具】清除不必要的白色部分并调整其大小，填充为白色，选择"不透明"面板，设置不透明度为 40%。选中所有的矩形和边框进行水平居中对齐和垂直居中对齐。如图 10.46、图 10.47、图 10.48 所示。

图 10.46　蒙版效果

图 10.47　扩展

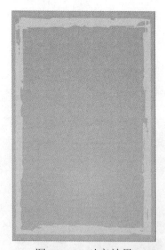

图 10.48　对齐效果

2．正面内容的制作

（1）执行【文件】→【置入】命令，选择文件"ch10/美食宣传单/素材/餐厅美食海报.png"，将"餐厅美食海报.png"嵌入文件中，选择【圆角矩形工具】，绘制大小为 118mm*80mm，半径为 10mm 的"圆角矩形 1"，填充颜色为"白色"。

（2）选中"圆角矩形 1"添加【效果】→【模糊】→【高斯模糊】效果。数据根据所绘制的圆角矩形大小和图片边缘进行调整，选中两个图形，选择【窗口】→【透明度】，在弹出的"透明度"面板中单击【制作蒙版】命令，产生图片下方模糊的效果，将其放在适当的位置，如图 10.49 和图 10.50 所示。

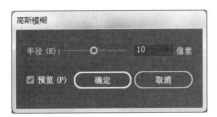

图 10.49　图形所在位置

图 10.50　图形蒙版下方模糊效果

（3）执行【文件】→【打开】命令，选择文件"ch10/美食宣传单/素材/创意浆果甜点矢量素材.ai"，在打开的"创意浆果甜点矢量素材.ai"放入适当的素材，按 Ctrl+G 组合键将素材编组。选择【矩形工具】，创建大小为 149mm*211mm 的"矩形 4"，将素材和矩形选中，按 Ctrl+7 组合键建立剪贴蒙版。如图 10.51 所示。

图 10.51　素材摆放与剪切蒙版

（4）选择【钢笔工具】，绘制出对话框效果和边缘小三角形效果图形，效果如图 10.52 所示，填充 CMYK 的值为"15,11,11,0"，无描边。

（5）选中对话框效果图，选择【对象】→【路径】→【偏移路径】命令，如图 10.53 所示。

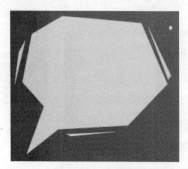

图 10.52　对话框

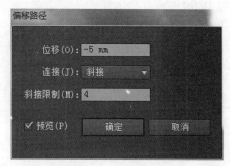

图 10.53　参数效果图

（6）将上一步的偏移路径的图形，调整为无填充，描边为"白色"，虚线、描边大小设为 3px，效果如图 10.54 所示。

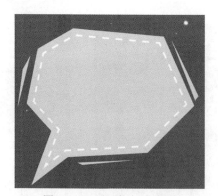

图 10.54　对话框加内虚线

（7）选择【文字工具】，输入"从味遇见"四个字调整大小后，进行【对象】→【扩展】。并调整相应的大小和位置，填充黑色，选择相应的字体，如图 10.55 所示。

图 10.55　参数效果图与文字效果

（8）选择【文字工具】，添加其他文字，选择相应的字体进行设置，并对文字位置和颜色进行调整。

（9）并在三个文字后添加圆角矩形效果，并分别填充 CMYK 的值为 "73,26,7,0"、绿色 "77,11,88,0"、红色 "46,100,98,18"。如图 10.56 所示。

（10）选择【钢笔工具】和【星形工具】，绘制出放射状三角形和星形，CMYK 的值设置为 "53,7,67,0"，描边设置为 "无"。选择 "不透明度" 面板，将星形不透明度设置为 60%。如图 10.57 所示。

图 10.56 文字添加

图 10.57 形状效果添加

（11）选择【文字工具】，输入 WESTERN FOOD 调整大小后，选择相应的字体，进行【对象】→【扩展】，并调整相应的大小和位置，CMYK 的值设置为 "7,62,59,0"。

（12）选中上一步的文字，执行【效果】→【风格化】→【投影】命令，如图 10.58 所示。

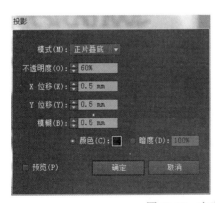

图 10.58 文字投影效果

（13）选择【文字工具】，输入微信号、手机号以及地址信息栏，调整相应的大小和位置，文字信息填充 "黑色"，具体信息填充 "红色"，完成宣传单正面，如图 10.59 所示。

图 10.59　完成效果

3. 制作宣传单的背面

（1）选择【矩形工具】，创建大小为 149mm*221mm 的"矩形 5"，颜色填充为"灰色"，描边为"无"。

（2）选中"矩形 5"，按快捷键 Ctrl+C 和 Ctrl+B 在原图上方复制得到相同大小的"矩形 6"，并填充为"白色"，描边为"无"，不透明度设为 60%。

（3）再次重复步骤（2），得到"矩形 7"，打开"色板"面板，并将"矩形 6"填充为【色板】→【图案】→【基本图形】→【基本图形_纹理】→【密集影线】，如图 10.60 所示。

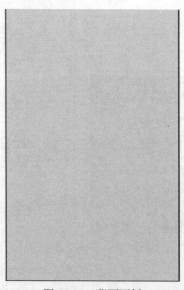

图 10.60　背面画板

（4）选择"矩形 5"按 Ctrl+2 组合键锁定图形，选择"矩形 6"和"矩形 7"进行制作蒙版效果，打开"透明度"面板，勾选"反相蒙版"。

（5）选择文件"ch10/美食宣传单/美味披萨快餐矢量素材.ai"，将美味披萨快餐矢量素材放置于文件中相应的位置。选择【矩形工具】，绘制大小为 149mm*221mm 的"矩形 8"，选中"矩形 8"和素材建立剪切蒙版，并将不透明度调整为 80%。导入素材"边框素材 2"并调整大小放置到相应位置。

（6）选择文件"ch10/美食宣传单/边框素材 2.ai"，将素材放置于文件中相应的位置，如图 10.61 所示。

（7）选择文件"ch10/美食宣传单/文字.txt"，选择【文字工具】，复制相应的信息，将重要的信息 CMYK 的值为"57,81,88,37"，其他文字设置为"黑色"。并调整文字的位置和大小，如图 10.62 所示。

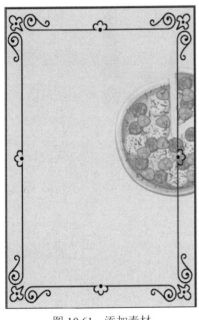

图 10.61　添加素材

图 10.62　背面完成效果图图

# 10.6　包装设计——设计化妆品包装盒

扫码看视频

包装设计通常指具有美化修饰效果的商品的容器，是集材料、种类、内容、形态为一体的全方位的综合设计。设计师要考虑美观程度的同时也要考虑包装的成本、包装实现的功能以及实现整体效果等因素。包装的作用主要包括装饰美化、保护商品、传递商品信息、便于使用和运输、提高商品的销售和附加值等。

## 10.6.1　案例描述

包装盒在日常生活中随处可见并且种类繁多，本任务是设计与制作一款化妆品包装盒。设计精美的包装盒可以吸引客户的眼球，还可以通过包装盒的信息了解产品的性能等信息，可以达到产品的销售率，最终效果如图 10.63 所示。

图 10.63　最终效果图

### 10.6.2　案例分析

包装的构成的基本元素包括文字、图形和色调，本任务是制作一款植物的 BB 霜包装，主要从以下四方面进行分析。

1. 颜色的选择

由于化妆产品的理念是存植物的，所以在 logo 和盒子封面的背景采用了绿色和淡蓝色，彰显产品的特性。

2. 图案的选择

本任务涉及的图案素材均提供给读者，通过图案可以注意到与植物有关系，并且在颜色的配色也比较多，更加的衬托了化妆品的属性特征，而且还能够吸引广大消费者的眼球。

3. 尺寸的选择

根据客户的实际要求进行设计尺寸。

4. 文字

文字是产品包装中不可缺少的元素，本任务中的字数比较多，根据客户的需求和产品信息等特点，在字体的选择时主要采用了两种无衬线字体，同时字体颜色的选择分别为绿色调和黑色。

### 10.6.3　案例实现

1. 包装盒背景的设计与制作

（1）在菜单栏中选择【文件】→【新建】命令，新建一个空白文件，具体详细参数设置如图 10.64 所示。

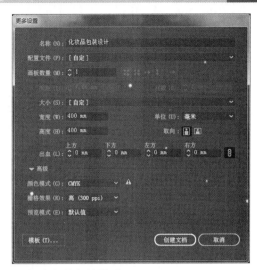

图 10.64　新建文件参数设置

（2）按 Ctrl+R 组合键调出标尺，执行【首选项】→【参考线和网格】命令，参考线的颜色设置为"蓝色"，同时创建参考线，具体数值如图 10.65 所示。

图 10.65　参考线的具体数值

（3）单击"创建文档"按钮，选择【矩形工具】，创建大小为 330mm*330mm 的"矩形 1"，填充颜色为渐变类型，在右侧面板栏中打开"渐变工具"面板，选择渐变类型为"径向渐变"，长宽比为 200%，左侧两侧的 CMYK 的值分别设为"10.10.10.59"和"74.69.64.72"，如图 10.66 和图 10.67 所示。

图 10.66　背景矩形的参数设置

图 10.67　背景"矩形 1"

2. 制作包装盒的外部

（1）将创建好的"矩形 1"的描边选项设置为"无"，选择【矩形工具】创建一个大小为 60mm*140mm 的"矩形 2"，将矩形的填充色设为"白色"，描边设置为"无"，如图 10.68 所示。

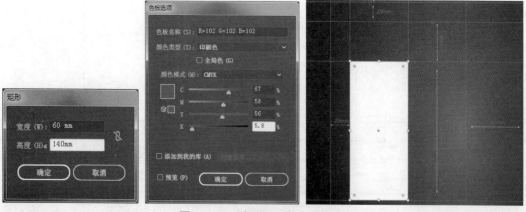

图 10.68　"矩形 2"的参数设置

（2）选择【圆角矩形工具】，创建大小为 60mm*70mm 圆角半径为 10mm 的"圆角矩形 1"，填充颜色为"白色"，描边设置为"无"，并调整"矩形 2"和"圆角矩形 1"的位置，如图 10.69 所示。

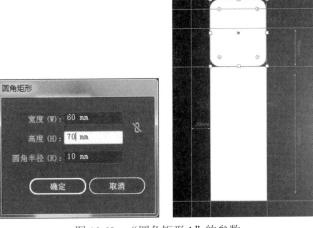

图 10.69　"圆角矩形 1"的参数

（3）选择"矩形 2"按住 Alt 键，拖曳复制得到"矩形 3"并调整"矩形 3"的位置。将"矩形 3"描边颜色设置为"无"，利用【渐变工具】进行填充，具体参数设置值如图 10.70所示。

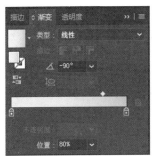  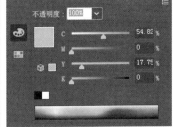

图 10.70　"矩形 3"参数设置

（4）利用【移动工具】调整上一步创建好的"矩形 3"的位置，利用【移动工具】双击弹出"变换"面板，调整"圆角矩形 1"的左下圆角和右下圆角，分别将左下圆角半径和右下圆角半径设置为 0mm，如图 10.71 所示。

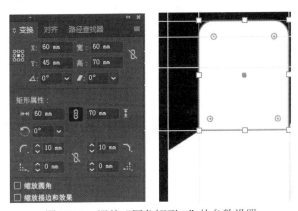

图 10.71　调整"圆角矩形 1"的参数设置

（5）选择【矩形工具】，创建大小为 60mm*40mm 的"矩形 4"，填充色设置为"白色"，描边色设置为"无"，选择【自由变换工具】，按住 Alt+Shift+Ctrl 组合键进行自由变换操作，如图 10.72 所示。

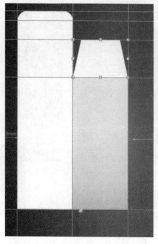

图 10.72　创建的"矩形 4"

（6）选中"矩形 4"，按住 Alt+Shift 组合键进行复制得到"矩形 5"，在"矩形 5"上单击右键，选择【变换】→【对称】命令，选择"水平"选项，单击"确定"按钮，如图 10.73 所示。

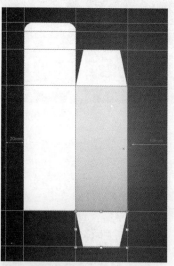

图 10.73　复制并镜像"矩形 5"

（7）利用【选择工具】和 Shift 键同时选择除了背景以外的所有图形按住 Alt 键和 Shift 键进行复制并移动，在复制的图形上单击右键，选择【变换】→【对称】命令，选择"水平"选项，单击"确定"按钮，如图 10.74 所示。

（8）利用【矩形工具】绘制大小为 20mm*140mm 的"矩形 6"，填充颜色为"白色"，描边为"无"，选择【自由变换工具】，按住 Alt+Shift+Ctrl 组合键进行自由变换操作，并调整相应的位置，如图 10.75 所示。

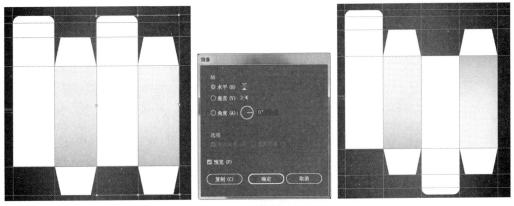

图 10.74　复制并镜像图形

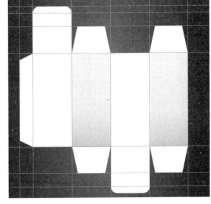

图 10.75　矩形的参数设置与自由变换

（9）执行【文件】→【打开】命令，选择文件"ch10/素材/花边.ai"，将素材置入到文件中，选择该花边素材，按住 Alt+Shift 组合键调整其大小。

（10）执行【文件】→【打开】命令，选择文件"ch10/素材/小花.ai"，将素材置入到文件中，选择小花边素材，按住 Alt+Shift 组合键调整其大小，如图 10.76 所示。

图 10.76　置入和编辑素材

（11）选中"矩形 3"执行 Ctrl+C 键和 Ctrl+B 键得到"矩形 7"，选择"矩形 7"按住 Ctlr+Shift+]
置于顶层，选择"矩形 7"、花边素材和小花素材，按 Ctrl+7 组合键进行剪切蒙版，如图 10.77
所示。

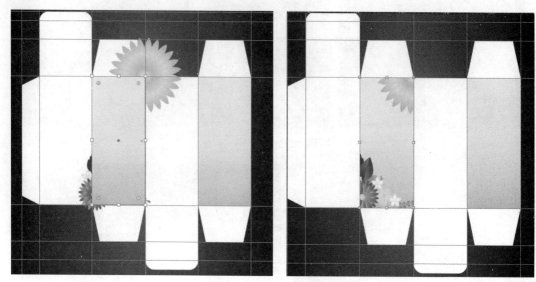

图 10.77　剪切蒙版操作

（12）选择上一步的剪切蒙版，按 Alt 键进行复制并调整位置放在最右侧的矩形上，如图
10.78 所示。

（13）执行【文件】→【打开】命令，选择文件"ch10/素材/logo.ai"，将素材置入到文件
中，并进行多次复制和编辑，如图 10.79 所示。

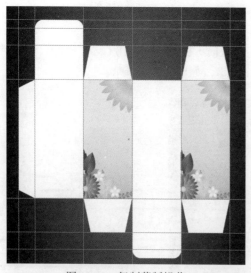

图 10.78　复制蒙版操作

图 10.79　置入 logo 素材

（14）选择【文字工具】，分别使用【直排文字】和【横排文字】，以及选择相应的字体
进行编辑，具体文字和效果如图 10.80 所示。

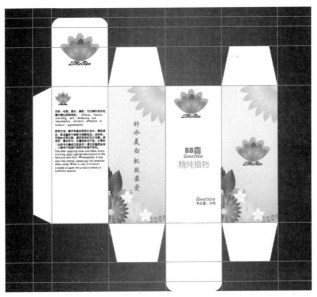

图 10.80　添加文字效果

（15）执行【文件】→【打开】命令，选择文件"ch10/素材/二维码.eps"，将素材置入到文件中，并进行编辑和调整，如图 10.81 所示。

图 10.81　完成的最终效果

# 本章小结

（1）平面设计主要是由创意、构图以及色彩三个基本的要素构成。

（2）平面设计主要包括形象系统设计、字体设计、书籍装帧设计、POP 广告设计、包装设计、海报/招贴设计等，覆盖到生活中的多种方面，常见用途包括标识（商标和品牌）、出版物（杂志，报纸和书籍）、平面广告、海报、广告牌、网站图形元素、标志和产品包装等。

（3）常用版式设计的方式主要包括中心型排版、中轴型排版、分割型排版、倾斜型排版、满版型排版。

# 拓展训练

扫码看视频

1. 请使用所学相关 DM 的设计知识，利用 Illustrator 软件制作如图 10.82 所示的 DM 画册。

（a）

（b）

（c）

图 10.82　百强家具

### 北京世纪
### 百强家具有限责任公司

北京世纪百强家具有限责任公司是集研发、生产、营销、服务为一体的大型综合性家具企业，现为中国家具协会常任理事单位、中国家具协会实木家具专业委员会副主任单位、北京家具行业协会执行会长单位，拥有强大的品牌优势及良好的质量口碑。

百强家具生产基地拥有先进的德国豪迈家具流水线、高素质的专业技术人员、选用优质环保的原辅材料，企业从原料材料采购、生产流程、售后服务等各个环节制订了完整的质量控制体系和企业标准，通过了ISO9001质量管理体系认证及ISO14001环境管理体系认证。

（d）

（e）

图 10.82　百强家具（续图）

# 参考文献

[1] 周建国，王社. Illustrator CS6 平面设计案例教程（微课版）. 北京：人民邮电出版社，2017.

[2] 姜旭，张离乡. Illustrator CS6 平面设计应用教程. 2 版. 北京：人民邮电出版社，2016.

[3] 尚铭洋，聂清彬. Illustrator CC 平面设计标准教程（微课版）. 北京：人民邮电出版社，2017.

[4] 黑马程序员. Illustrator CS6 设计与应用任务教程. 北京：中国铁道出版社，2017.

[5] 周建国. Illustrator CC 平面设计应用教程. 北京：人民邮电出版社，2015.

[6] Illustrator 使用手册. https://helpx.adobe.com/tw/illustrator/user-guide.html.

[7] 夏敏，鲁娟，叶蕾. Illustrator CS6 实训教程. 北京：清华大学出版社，2014.

[8] 刘阳，崔洪斌. Illustrator CC 平面设计实用教程. 北京：清华大学出版社，2015.

[9] 李静. Illustrator CS6 平面设计实用教程. 北京：清华大学出版社，2014.

[10] 黑马程序员. Photoshop CC 设计与应用任务教程. 北京：人民邮电出版社，2016.

[11] 胡明著. Illustrator 平面设计与制作. 上海：上海交通大学出版社，2014.

[12] 百度百科. https://baike.baidu.com/.